P H Y S I K

Die Ausstellung des Deutschen Museums

1957–2022

Das Deutsche Museum dankt dem Freundes- und Förderkreis Deutsches Museum e.V., der die Drucklegung dieses Bildbands ermöglichte.

Bibliografische Information der Deutschen Nationalbibliothek
Die Deutsche Nationalbibliothek verzeichnet diese Publikation in der Deutschen Nationalbibliografie; detaillierte bibliografische Daten sind im Internet unter http://dnb.de abrufbar.

Fotos: Lukas Nikol

Texte: Dr. Daniela Schneevoigt

Lektorat: Dr. Claudia Hellmann

Satz, Layout: Lukas Nikol

Umschlaggestaltung: Lukas Nikol

Druck und Bindung: optimal media GmbH, Röbel

ISBN 978-3-948808-31-0

Ein Bildband von Lukas Nikol

mit Texten von Daniela Schneevoigt

GRUSSWORT

Die Physik ist die Grundlage aller Naturwissenschaften. Sie versucht, die fundamentalen Naturgesetze zu erkennen, die im gesamten Kosmos gelten. Aus grundlegenden Symmetrien und Erhaltungssätzen lässt sich das gesamte Weltgeschehen über mehr als 36 Größenordnungen deduzieren, von den atomaren Grundlagen aller Materie im Kleinsten in den Nanowissenschaften bis zum komplexen Geschehen auf der Skala unseres Kosmos. Obwohl wir zwar erstaunlich viel davon beschreiben können, was die Welt im Innersten zusammenhält, und mit Hilfe der mathematischen Methoden präzise Vorhersagen machen können, sind wir demütig genug zu erkennen, dass wir von einem tieferen Verständnis nicht wirklich sprechen können. Unser geradezu kindliches Staunen über vordergründig oft einfache, im Grunde aber hochkomplexe physikalische Phänomene ist einfach wunderbar und Grund für die unbändige intellektuelle Anziehungskraft physikalischer Experimente.
Genauso brachte uns auch die alte Physikausstellung des Deutschen Museums zum Staunen. Die Ausstellung stammt zwar in großen Teilen aus den 1960er-Jahren, aber sie ist auf jene wundersame Weise zeitlos, wie die Naturgesetze und physikalischen Phänomene es sind. Natürlich waren die Demonstrationen und Mitmachexperimente abgegriffen und die Farbe blätterte, aber dennoch gehörte die Physikausstellung immer zu den beliebtesten und deshalb auch überlaufensten Ausstellungen im Deutschen Museum. Inhaltlich war sie trotz ihres hohen Alters nicht veraltet. Was auch mit der dort vermittelten Materie zusammenhängt: Was hat sich denn in den letzten hundert Jahren an den Grundlagen der Mechanik, der Elektrodynamik usw. verändert? Nicht so viel, oder? Ein Magnet ist immer noch ein Magnet, ein Pirouetten-Effekt immer noch ein Pirouetten-Effekt. Wobei die Demonstration zur Drehimpulserhaltung das Objekt im Deutschen Museum ist, das mir von meinem ersten Besuch als Schüler am besten in Erinnerung geblieben ist. Man stellt sich auf das runde Podest, setzt es in Bewegung – und kann, wenn man die Hanteln an den Körper zieht oder sie von sich wegstreckt, am eigenen Leib die Beschleunigung und Verlangsamung spüren. Ein physikalischer Effekt zum Miterleben und Ausprobieren und mit allen Sinnen zu erfahren. Im besten Sinn nach der Idee unseres Museumsgründers Oskar von Miller. Im Anschluss an das Experiment ist einem erstens schwindlig und zweitens versteht man auch viel besser, wie Eiskunstläuferinnen Pirouetten drehen – einfach, aber großartig.
Und dieses „einfach, aber großartig" – das galt für die ganze frühere Physikausstellung. Bis hin zu der Ecke, in der man ein sehr grobschlächtiges Perpetuum mobile in Bewegung setzen konnte und dabei schnell merkte, dass es sich nicht bis in alle Ewigkeit weiterdreht, sondern in kürzester Zeit zum Stillstand kommt, also auch kein wirkliches Perpetuum mobile ist. Oder die beiden Magnete, die sich abstoßen und die man mit Muskelkraft zusammendrücken konnte. Das erinnert ein wenig an Oskar von Millers Motto für das Museum als Mischung aus „Oktoberfest und Volksbildungsstätte". In moderner Form: Lernen mit Spaß.
Kurzum: Die alte Physik war zum einen ein Museum im Museum, das gestalterisch so viel Atmosphäre hatte, dass es schon wieder in die Neuzeit passte – davon zeugt dieses Buch mit seinen wunderbaren Fotografien. Und auf der anderen Seite war es ein großartiger Kinderspielplatz zum Lernen. Wenn ich es mir recht überlege, dann war es meine Lieblingsausstellung unter den alten Ausstellungen, und das nicht deshalb, weil ich von Hause aus Physiker bin, sondern weil man dort selbst als Physiker ein bisschen Kind sein durfte.
So, jetzt aber genug der Reminiszenzen. Das Deutsche Museum befindet sich gerade auf dem Weg in die Zukunft – und dank einer sehr großzügigen Spende von Zeiss hat auch die Physikausstellung eine Zukunft. Meiner Kollegin Daniela Schneevoigt und ihren Mitarbeiterinnen wünsche ich, dass es ihnen gelingt, diesen Spielplatz in moderner und noch schönerer Form wiederzubeleben. Eins muss allerdings klar sein: Auch in der neuen Physikausstellung sollten wir bei der Eröffnung 2028 die dann 125-jährige Tradition der Drehimpulserhaltungsdemonstration wiederfinden.

Prof. Dr. rer. nat. Wolfgang M. Heckl
Generaldirektor des Deutschen Museums
Oskar von Miller Lehrstuhl TU München

P H Y S I K

Die Ausstellung des Deutschen Museums, 1957–2022

Mit der Schließung der Physikausstellung im Zuge der Generalsanierung des Deutschen Museums ist im Sommer 2022 eine Ära zu Ende gegangen. Über 60 Jahre lang war die Ausstellung nahezu unverändert zu sehen und hatte trotzdem bis zuletzt nicht an Anziehungskraft verloren. Große Anteile daran sind sicher der hohen Interaktivität und auch der zeitlosen Gestaltung der Ausstellung zuzuschreiben. Beides führte zu einer anhaltend großen Beliebtheit bei den Besucherinnen und Besuchern.

Bild 1
Blick in die nach dem Krieg wiedereröffnete Physikausstellung, 1953

Schon seit der Museumsgründung ist die Abteilung Physik fester Bestandteil des ständig erweiterten Ausstellungskanons des Deutschen Museums. Die erste Ausstellung zu diesem Themenkomplex auf der Museumsinsel war ab 1925 zugänglich. Sie blieb im Zweiten Weltkrieg weitgehend von den Bomben verschont und konnte daher 1948 als erste (und zunächst einzige) Ausstellung größtenteils in ursprünglicher Form wiedereröffnet werden (Bild 1).
In den folgenden Jahren wurde die Physikausstellung dann allerdings komplett erneuert und schließlich im Zeitraum 1957–1968 abschnittsweise eröffnet. Sie beschritt sowohl inhaltlich und didaktisch als auch gestalterisch einen komplett neuen Weg.

Ziel dieser erneuerten Physikausstellung war es, die wesentlichen Themen der physikalischen Fachgebiete Mechanik, Wärmelehre, Elektrizität und Magnetismus darzustellen. Den Ausstellungsmachern rund um den Konservator Eduard Maurer und unter der Aufsicht des Vorstandsmitglieds Winfried Otto Schumann war dabei wichtig, dass dies nicht mehr auf rein wissenschaftlich-abstrakte Weise geschah. Vielmehr sollte vermittelt werden, dass Physik auch im täglichen Leben eine große Rolle spielt. Die Präsentation leicht verständlicher technischer Anwendungen bot dazu wichtige Anknüpfungspunkte für „den Mann von der Straße". [1]
Die zentralen Konzepte und Phänomene der Physik sollten anhand von verständlichen Experimenten eingeführt werden, die auch von Schülerinnen und Schülern sowie Laien durchführbar und begreifbar waren. Man hoffte so vor allem junge Menschen für Naturwissenschaft und Technik begeistern und zur Ergreifung eines entsprechenden Berufs anregen zu können – eine frühe Form der MINT-Förderung also. [2,3,4]

Mit ihren mehr als 200 Demonstrationen stellte die Ausstellung tatsächlich bis zu ihrer Schließung so etwas wie die „wissenschaftliche Spielwiese" des Museums dar. Frei nach dem Motto „Man erkennt die Dinge,

Bild 2
Bereich *Impuls und Stoß* in der erneuerten Physikausstellung, 1959

indem man sie macht" waren die Besucherinnen und Besucher eingeladen, sich eigenständig und spielerisch mit physikalischen Phänomenen auseinanderzusetzen und so die grundlegenden Konzepte und Gesetze der Physik sowie deren technische Anwendungen zu erforschen.

Diesen Ansatz, Experimente zu nutzen, um naturwissenschaftliche und technische Zusammenhänge zu verdeutlichen, verfolgte das Museum schon seit seinen Gründungsjahren. Die ausgestellten „Meisterwerke der Naturwissenschaft und Technik" sollten seit jeher nicht nur betrachtet und bewundert, sondern auch erfahren und verstanden werden. Während dieser didaktische Grundgedanke zur Zeit der Museumsgründung noch relativ neu war, wurde das Konzept des Mitmachens und Selbst-Experimentierens im Laufe des 20. Jahrhunderts auch zur Basis für das museumsdidaktische Konzept zahlreicher Science Center. [5]

Ein wesentlicher Anspruch des Deutschen Museums ist dabei jedoch, dass die Demonstrationen nicht für sich alleine stehen, sondern in einen musealen Ausstellungskontext eingebunden sind. Damit ist insbesondere ihre gemeinsame Präsentation mit Exponaten, Texten und Grafiken gemeint, die die Phänomene in einen historischen und / oder anwendungsspezifischen Zusammenhang setzen und so zu ihrem Verständnis beitragen können. Auch in der Physikausstellung wurde eine Auswahl von Exponaten gezeigt – so etwa die Original-Instrumente bedeutender Physiker wie Heinrich Hertz, Georg Simon Ohm oder Wilhelm Conrad Röntgen. Im Gegensatz zur vorhergehenden Ausstellung wurde bei der Auswahl der Exponate jedoch nicht mehr vorrangig auf Fülle und Vollständigkeit gesetzt, sondern eher herausragende Meilensteine der Wissenschaftsgeschichte und prägende technische Anwendungsbeispiele zur Präsentation ausgewählt.

Diese Abkehr von (inhaltlicher) Fülle und Vollständigkeit schlug sich auch in der Gestaltung der Ausstellung nieder bzw. wurde wesentlich von dieser unterstützt (Bild 2). Die alte Ausstellung mit ihren magazinartig aufgestellten, großen schwarzen Schaukästen voller dicht zusammenstehender Exponate und Demonstrationen wurde abgelöst von einer einfachen, klaren Raumgestaltung und einer deutlich lockereren, übersichtlicheren Aufstellung der Ausstellungselemente.[3,4,6] Mit ihrem Streben nach Klarheit, Einfachheit, Übersichtlichkeit und Ordnung war die Gestaltung der Ausstellung sichtbar geprägt durch den Bauhausstil und eine modernistische Formensprache: ein lichter Raum mit einem Raster aus Stahlprofilen, in das Tische und Vitrinen, aber auch durchlaufende farbige Text- und Grafikbänder fest eingespannt waren; die vorhandene Fensterfront durch weiße Metalljalousien abgeschirmt und an der Decke der Wegeführung dienende Lichtbänder.[7,8,9] In ihrer Schlichtheit wirkte die Ausstellung damit bis zuletzt überraschend zeitgemäß.

Urheber dieser Gestaltungssprache war der in Italien geborene Architekt, Designer und Hochschullehrer Paolo Nestler, dessen Werk Arbeiten im Bereich der Innenarchitektur bis hin zur Stadtplanung umfasste. In München erinnert weiterhin eine Vielzahl farbenfroher U-Bahnstationen an diesen vielseitigen und experimentierfreudigen Architekten. Dennoch ist er heute nahezu vergessen.[10] Im Deutschen Museum war Nestler von 1956 bis 1961 unter der Leitung der damaligen Verwaltungsdirektoren Karl Bäßler und Leo Heuwing unter anderem für die Neugestaltung bzw. den Umbau von mehr als zehn Ausstellungen verantwortlich. Sein Name ist daher eng mit der Baugeschichte des Deutschen Museums in der Nachkriegszeit verbunden, prägte seine gestalterische Arbeit doch jahrzehntelang das Erscheinungsbild des Museums. Noch 1980 schrieb Gottfried Knapp, der Architekturkritiker der Süddeutschen Zeitung: „Das Deutsche Museum – bis in die Fünfzigerjahre hinein ein Konglomerat von Abstellräumen, ein muffiges Sammelbecken für ausrangierten technischen Plunder – verdankt Nestler das moderne Präsentationskonzept, das dem toten Sammelgut überhaupt erst sein Leben und seine Würde gibt.“ [11]

Durch die einfache Gestaltung der Ausstellung wurde die Aufmerksamkeit der Besucherinnen und Besucher tatsächlich auf das Wesentliche, nämlich die Inhalte, gelenkt. Auch Nestler sah seine Rauminszenierung ganz im Dienste der Inhalte. Er strebte mit seiner sorgfältigen Anordnung der Ausstellungselemente eine lebendige Ordnung an, die das Vermitteln, Begreifen, Lernen und Zusammenhänge-Sehen unterstützen sollte.[9] Damit verlieh er der Ausstellung eine Schlichtheit und Klarheit, die hervorragend zu den naturwissenschaftlich-technischen Themen und zum didaktischen Charakter des Museums passte.[10]

Die Neugestaltung der Physikausstellung in den 1950er- und 60er-Jahren führte dennoch nicht nur zu positiven Reaktionen. Im Rahmen einer Vorstandssitzung des Jahres 1962 wurde berichtet, dass vereinzelt drastische Kritik geäußert wurde und die Meinungen zur Methodik der Ausstellung insbesondere im Kreis der Wissenschaftlerinnen und Wissenschaftler zuweilen auseinandergingen.[12] In einem Zeitungsbericht aus dem Jahr 1958 heißt es aber auch, dass das Deutsche Museum mit seinen neu eröffneten Ausstellungen „seine pädagogische Aufgabe noch besser erfüllt als früher“, im Gegensatz zu den „früher üblichen, vollgestopften Sälen, die mehr einem Antiquariat und weniger einer Lehrstätte glichen“.[13] Die Reaktionen der damaligen Besucherinnen und Besucher sind heute leider nicht mehr ermittelbar, aber die stetig steigenden Besuchszahlen in den 1960er- und 70er-Jahren sind ein Hinweis auf die grundsätzlich positive Rezeption der Modernisierung des Hauses nach dem Krieg.[7]

Ein weiterer, eher überraschender, Beweis für die positiven Reaktionen auf die Neuausrichtung der Physikausstellung wird im Verwaltungsbericht des Deutschen Museums über das Geschäftsjahr 1966 erwähnt.[14] In Athen wurde in diesem Jahr ein Museum für Technik und Naturwissenschaft in den Räumlichkeiten der Eugenides Foundation eröffnet, in dem die Physikausstellung inklusive 150 ihrer Demonstrationen aus den Themengebieten klassische Mechanik, Strömungsmechanik und Wärmeübertragung mit Erlaubnis des Deutschen Museums bis ins kleinste Detail kopiert und neu errichtet wurde (Bilder 3 und 4). Auch diese Ausstellung war bis 1998 zu sehen. Über 30 Jahre lang gab es also neben der Münchener Physikausstellung noch einen griechischen „Zwilling“, der ebenfalls Tausende von Besucherinnen und Besuchern empfing.

Im Rahmen der Generalsanierung des Deutschen Museums wird nun bis 2028 eine neue Physikausstellung entstehen, die didaktisch, inhaltlich und gestalterisch komplett neu konzipiert wird. Wieder soll sie unseren Besucherinnen und Besuchern einen Einblick in die klassischen Themengebiete der Physik (Mechanik, Thermodynamik, Elektrizität und Magnetismus) ermöglichen. Ein besonderer Schwerpunkt wird darauf liegen, zu zeigen, welche Konzepte der Physik hinter täglich beobachteten Phänomenen im Alltag und insbesondere auch in der Natur stecken. Mit einigen Highlights aus der alten Ausstellung, wie etwa der Drehscheibe zur Demonstration der Drehimpulserhaltung, wird es in der neuen Ausstellung dann ein Wiedersehen geben.

Bis dahin bietet dieser Bildband eine einzigartige Möglichkeit, der bisherigen Physikausstellung nachzuspüren. In ästhetischen Bildern hat der Münchener Designer und Fotograf Lukas Nikol die Ausstellung im März 2022 in ihrem damaligen Zustand festgehalten. (Vorher schon abgebaute Teile der ursprünglichen Ausstellung, wie ein Großteil des Themengebiets Elektrizität und Magnetismus, fehlen daher auf den Bildern.) Während die Ausstellung im Sommer 2022 final geschlossen, abgebaut und zum Teil eingelagert wurde, bleibt sie der Nachwelt in Form dieser Bilder erfreulicherweise erhalten.

Dr. Daniela Schneevoigt
Kuratorin für Physik am Deutschen Museum

Bild 3 (oben)
Ausstellung im Museum der Eugenides Foundation in Athen, 1967

Bild 4 (unten)
Der gleiche Bereich in der Physikausstellung des Deutschen Museums, 1966

Quellen

1 Protokolle Neugestaltung Physik 1955-1957, Deutsches Museum Archiv (DMA), Verwaltungsarchiv (VA) 2375/1.
2 Deutsches Museum Verwaltungsbericht (DM VerwBericht), 52. Geschäftsjahr, 1955/56.
3 DM VerwBericht, 53. Geschäftsjahr, 1956/57.
4 DM VerwBericht, 54. Geschäftsjahr, 1957/58.
5 Schneevoigt, Daniela: Erleben, anfassen und verstehen – wie optische Phänomene (be)greifbar werden. In: Bauer, Ludwig; Baumann, Annekathrin; Hagmann, Johannes-Geert; Schneevoigt, Daniela: Klassische Optik. Vom Sichtbaren zum Messbaren. München 2022.
6 DM VerwBericht, 60. Geschäftsjahr, 1963.
7 Mayr, Otto: Wiederaufbau. Das Deutsche Museum 1945-1970. München 2003.
8 Schmidl, Martin: Kritik der Ausstellung. München 2023.
9 Nestler, Paolo: Deutsches Museum in München. In: Baumeister 04. München, April 1962.
10 Cianciolo Cosentino, Gabriella: Paolo Nestler. Ein Hauch Italien in der deutschen Nachkriegsarchitektur. München 2024.
11 Knapp, Gottfied: Graphische Architektur. Das Werk Paolo Nestlers in einer Münchner Ausstellung. In: Süddeutsche Zeitung, 20.08.1980.
12 Protokoll der Vorstandssitzung am 12.3.1962, DMA, VA 3976.
13 In: Deutsche Zeitung mit Wirtschaftszeitung, 14.5.1958.
14 DM VerwBericht, 63. Geschäftsjahr, 1966.

Bilder

Bild 1 Deutsches Museum Archiv (DMA), BN 53221
Bild 2 DMA, BN 00439
Bild 3 DMA, L 2821
Bild 4 DMA, L 2821

KRAFT
5 KG

5
Gewicht verschieben

0
100
N
200

1kg

HWERPUNKT
DER SCHWERPUNKT

DREHMOMENT
REIBUNG

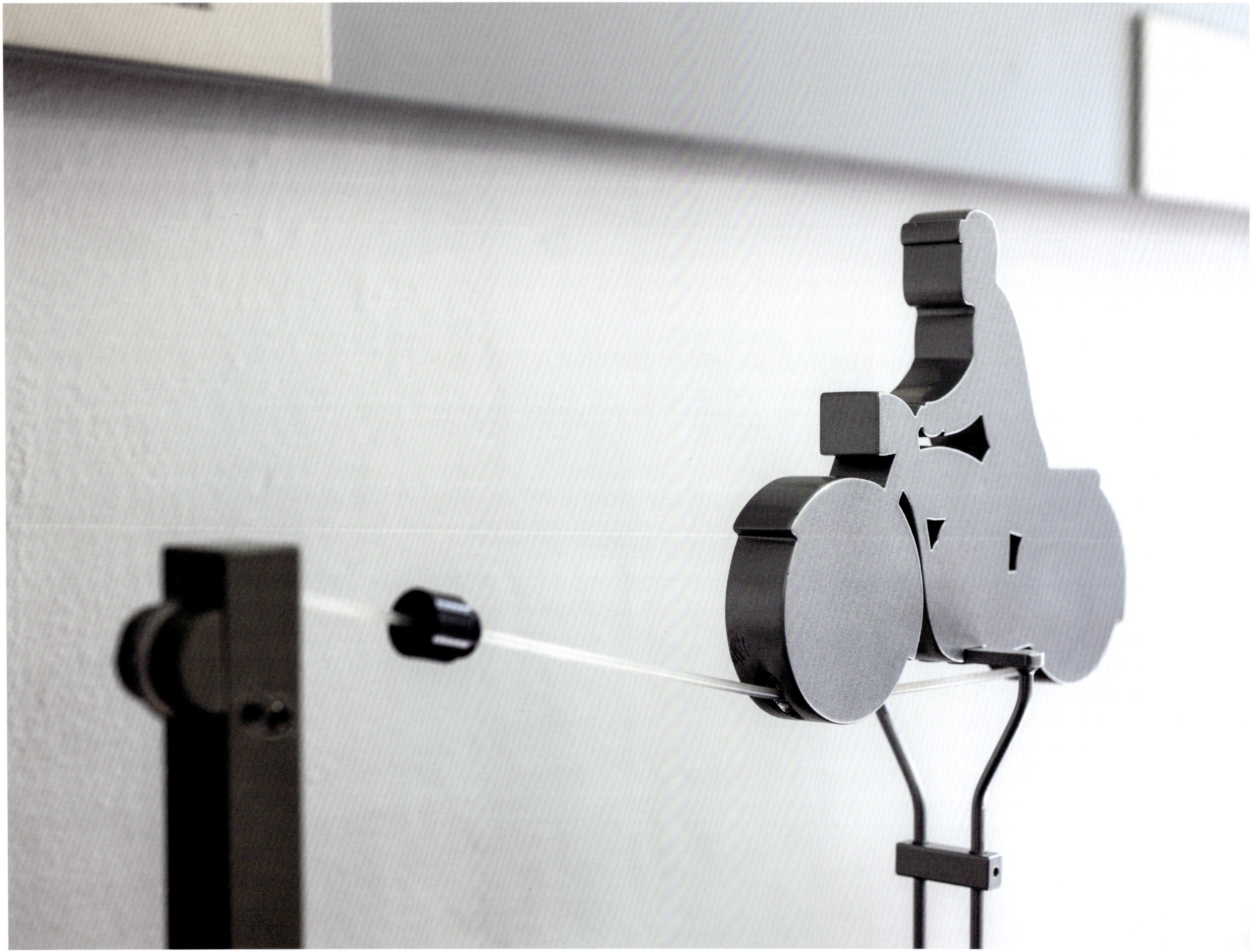

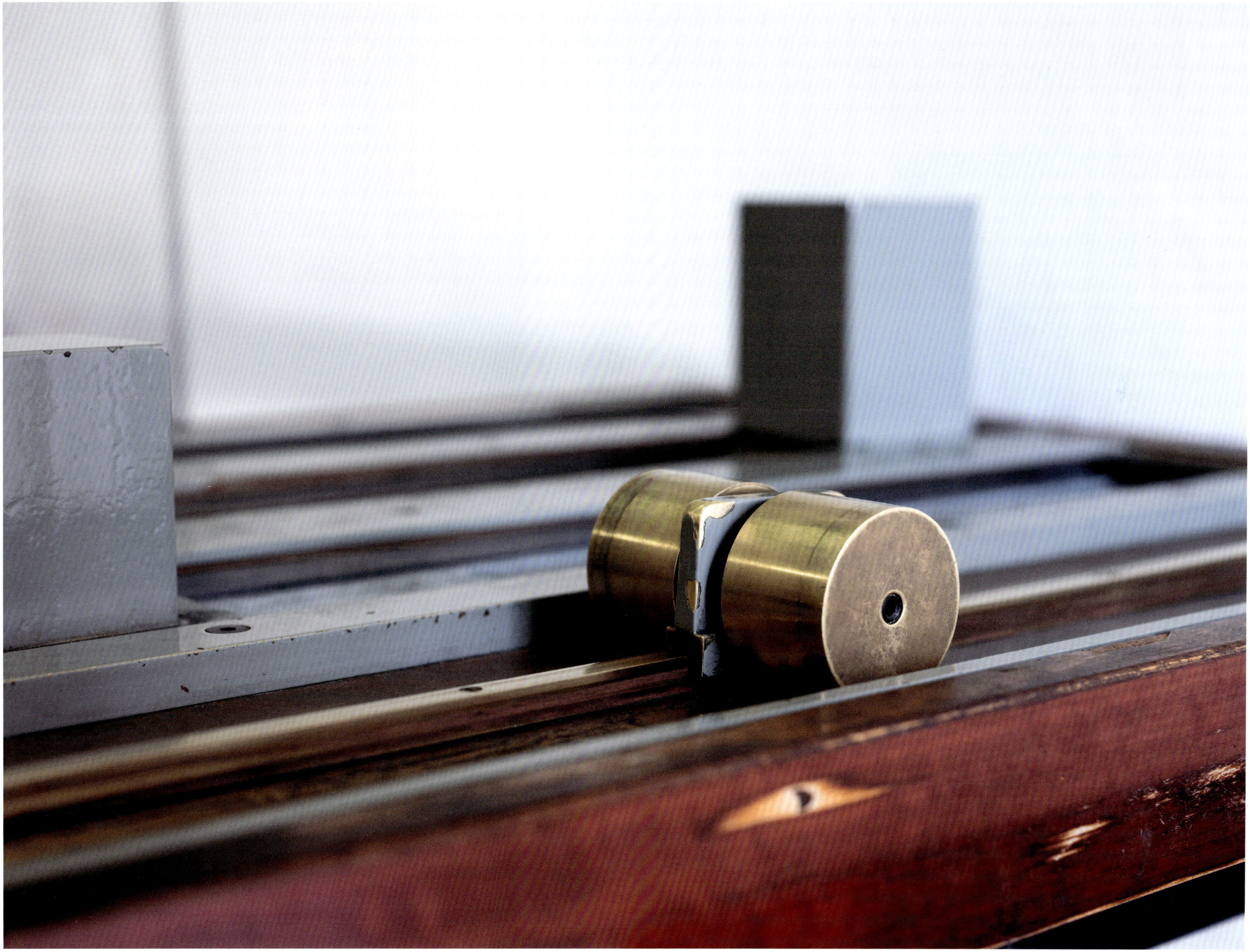

r Lotkörper genau

ıuf, so stellt er sich
ınkt unter dem Auf-
nkt ● des Körpers.
Aufhängepunkten
:hwerpunkt als den

inem Schwerpunkt

Schwerpunkts auf
u konstruieren

UND WURF

LL UND WURF
EISTUNG

WURF

16

t) wird ein fallender
hwindigkeit nimmt
größer werdenden
Die Glockensignale
tten.

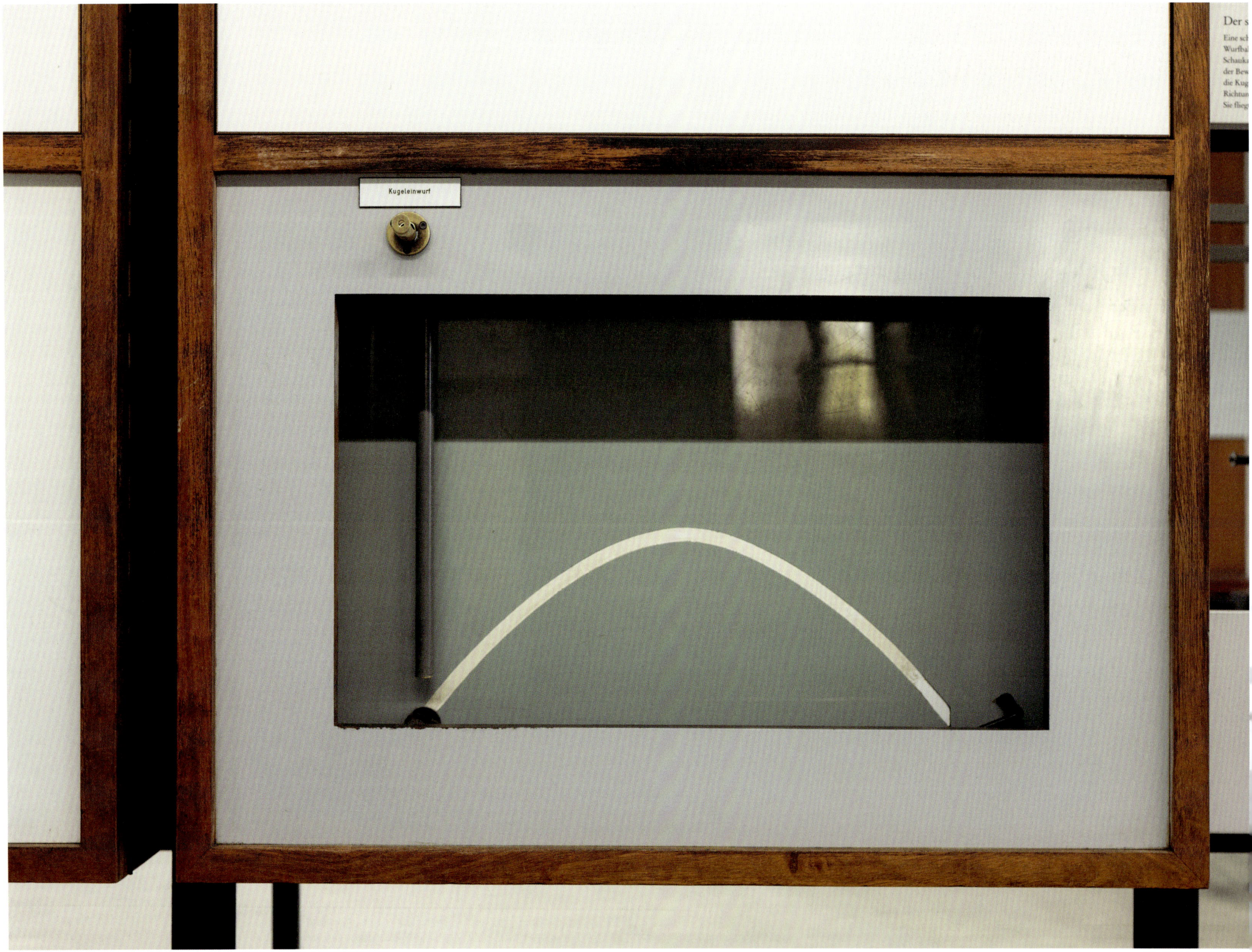
Kugeleinwurf

Gleichförmige Verzögerung

Drücken

Pendel leicht anstoßen
Handrad drehen

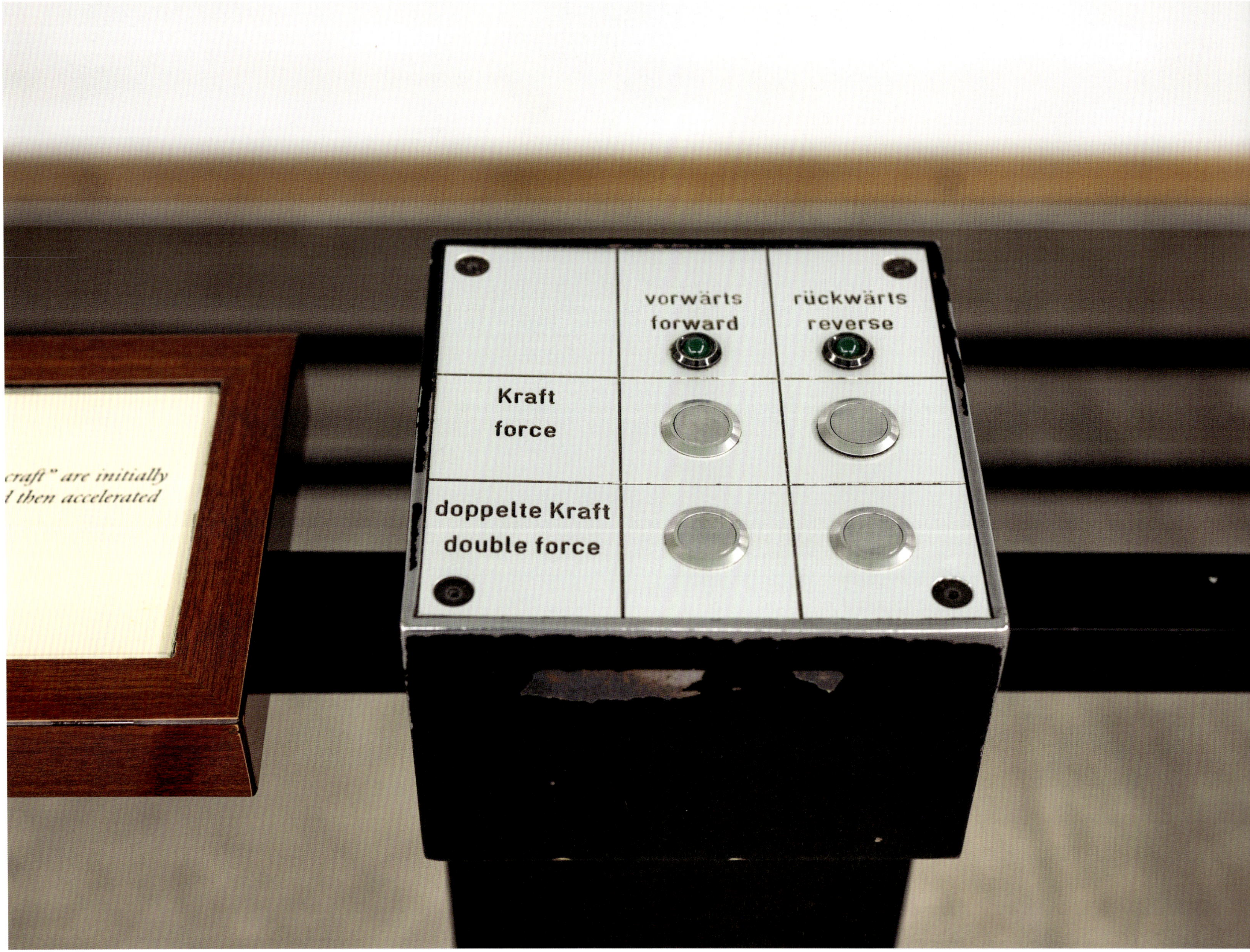
craft" are initially
d then accelerated
vorwärts
forward
rückwärts
reverse
Kraft
force
doppelte Kraft
double force

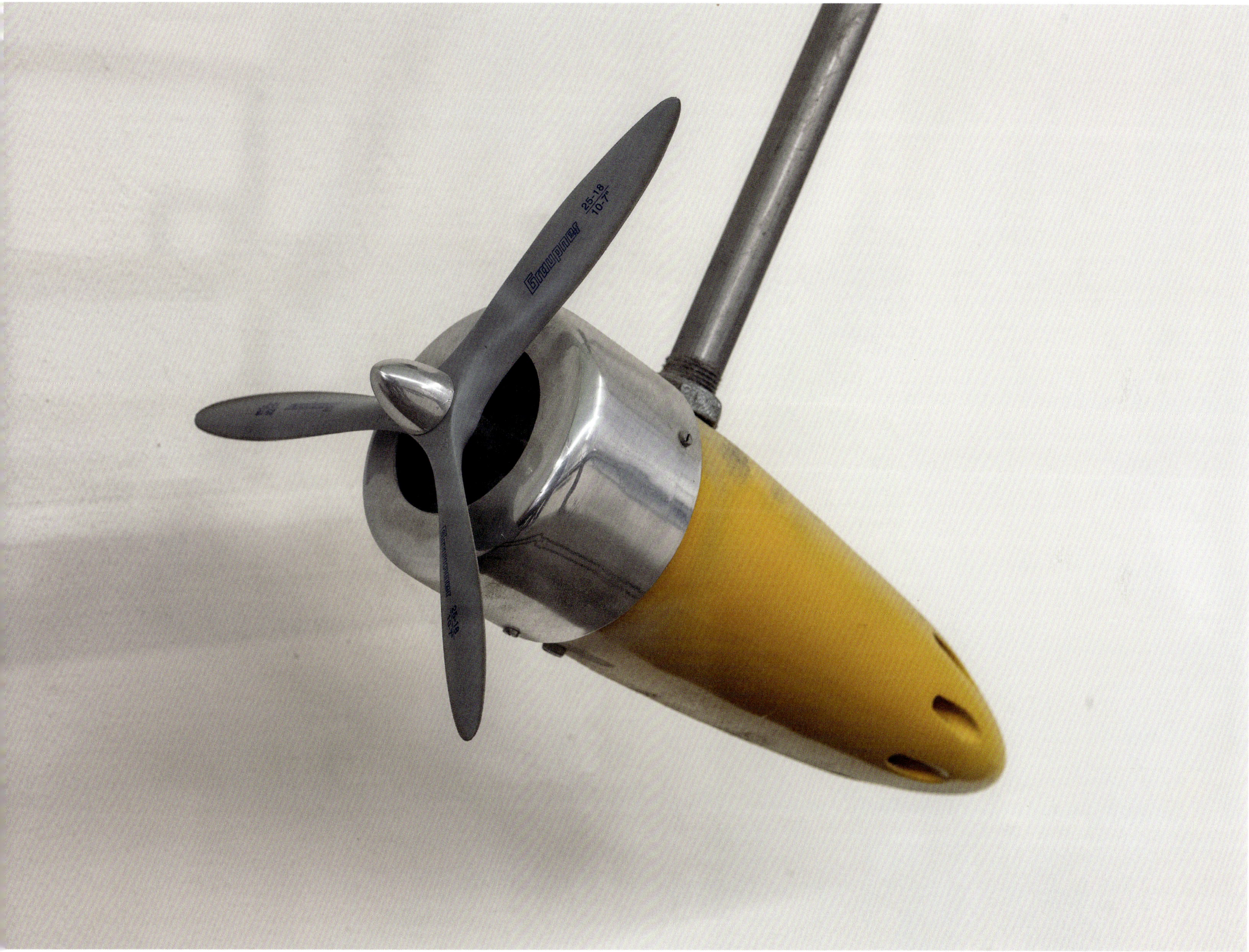
Graupner
25-18
10-7"

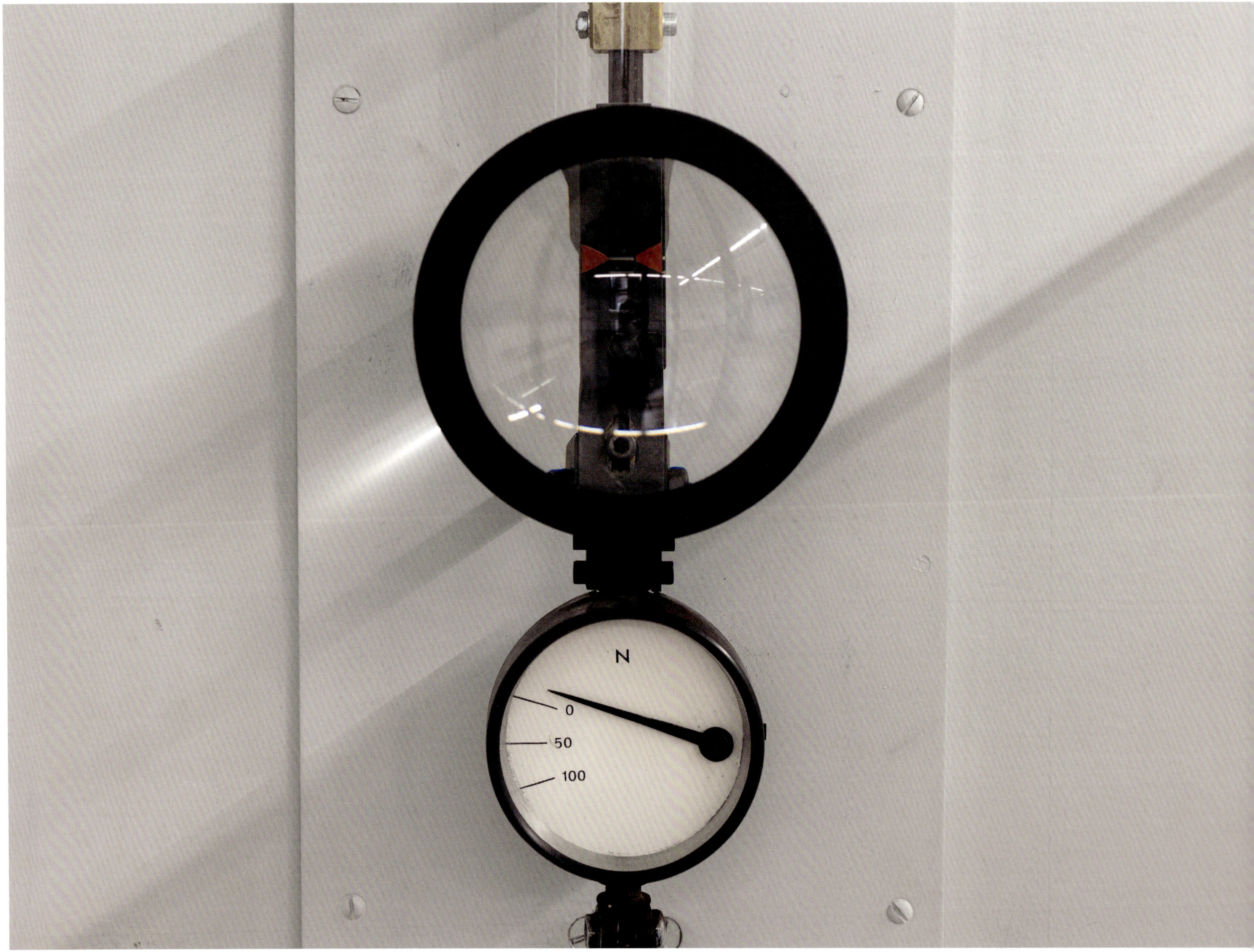
N
0
50
100

Ziehen

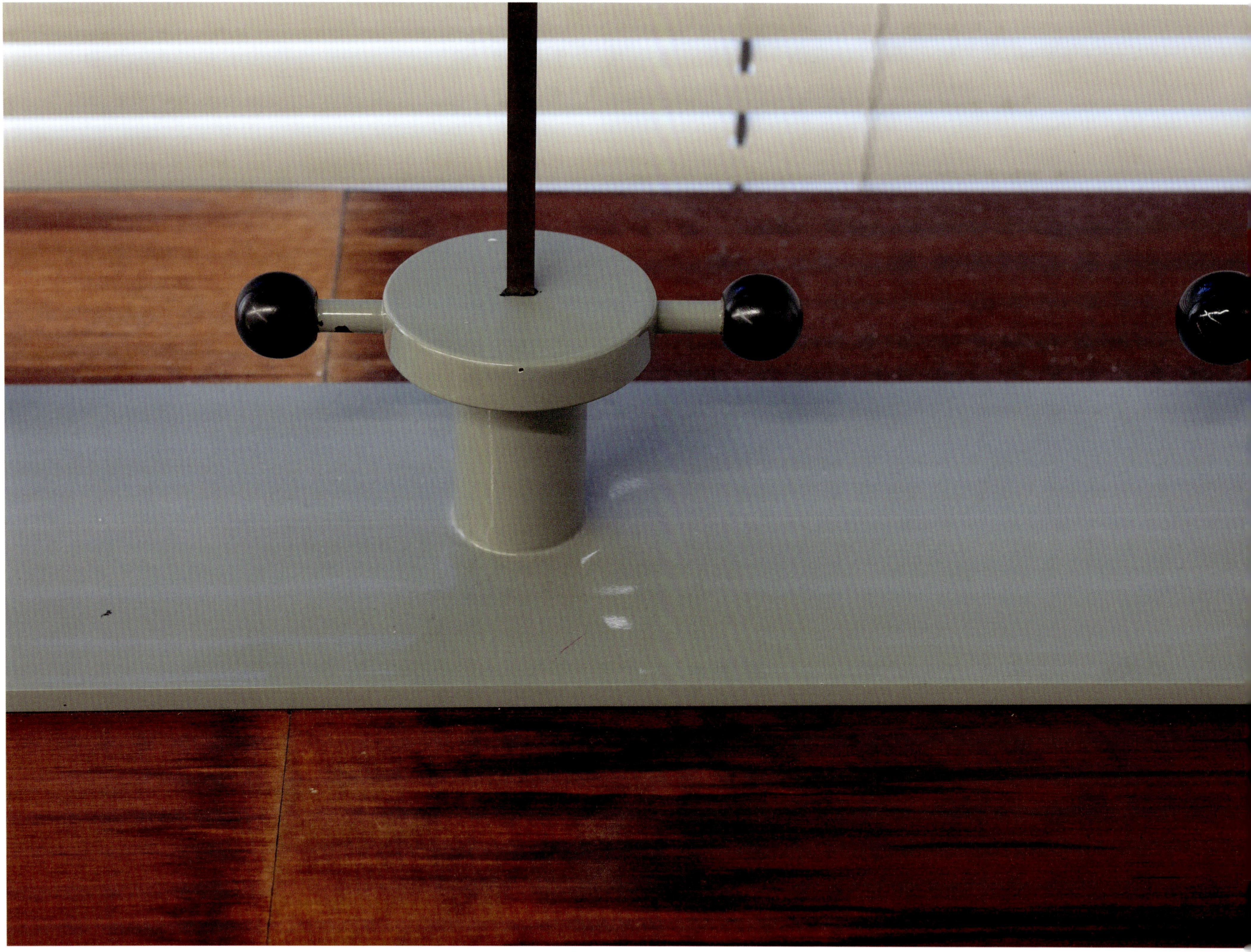

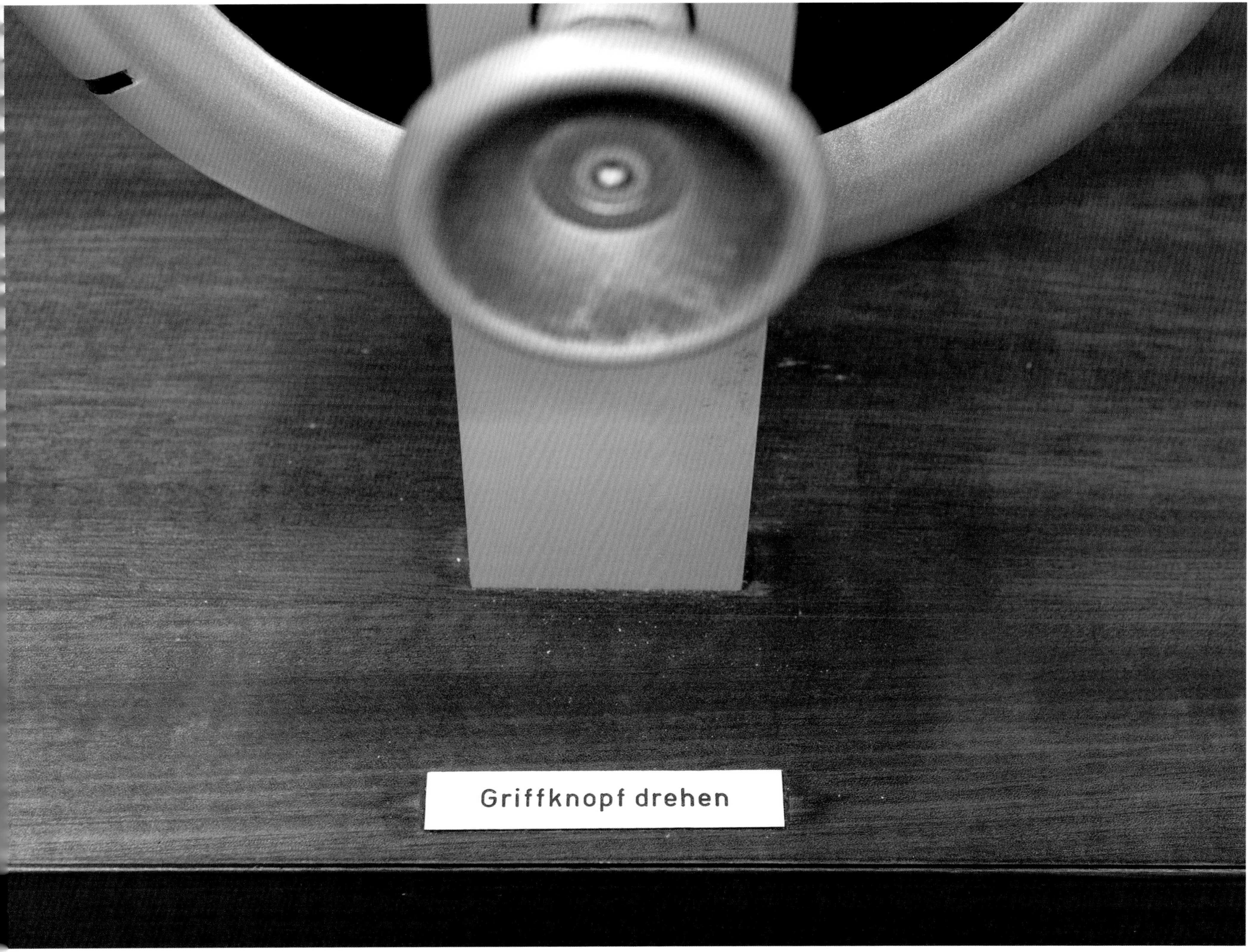
Griffknopf drehen

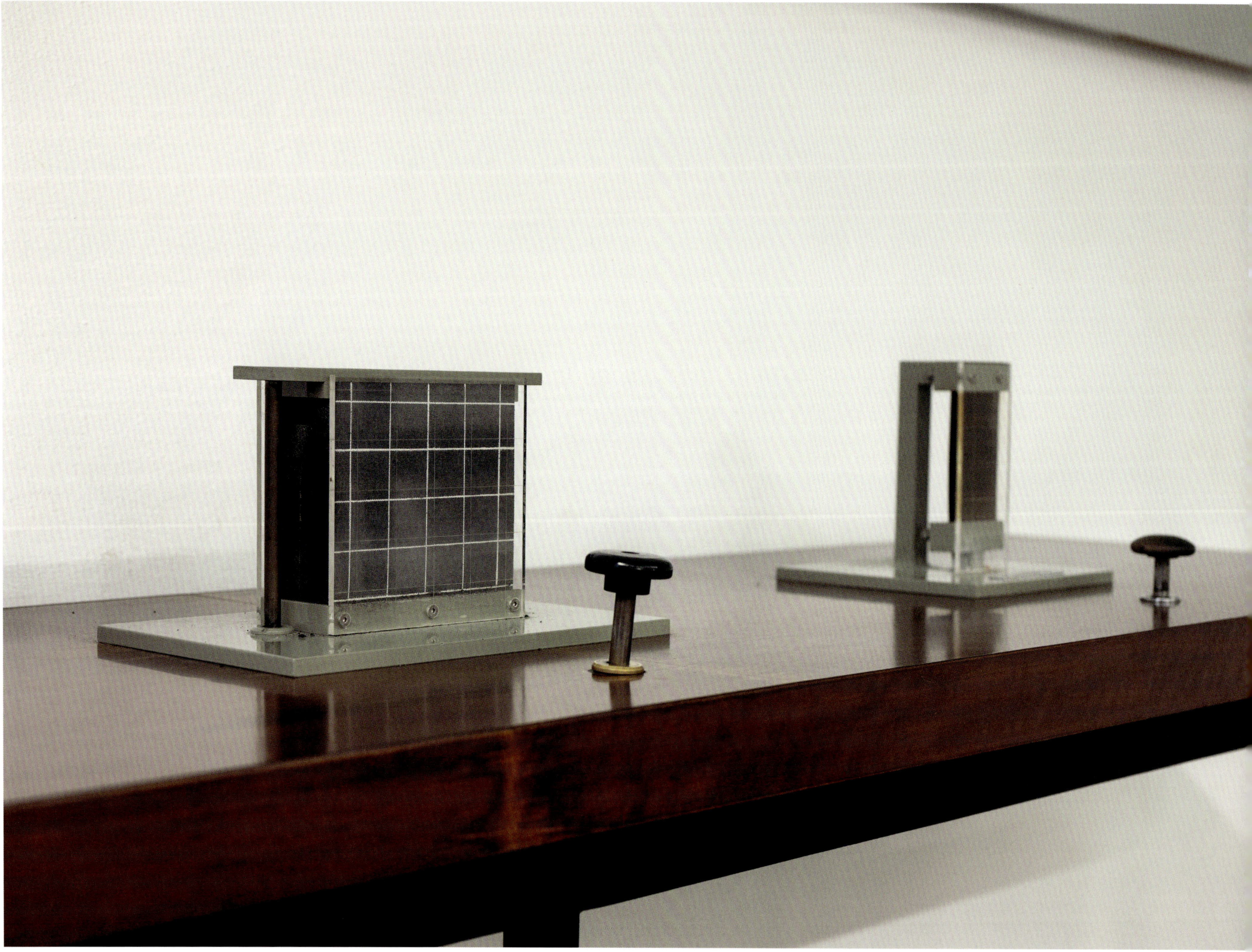

Die Biegungsbeanspruchung
Zug- und Druckspannungen. Spannungen und Durchbiegungen sind in allen
drei Fällen verschieden. Die Stellen, an denen die größten Spannungen auf-
treten, sind rot angezeichnet. Hier brechen die Stäbe bei Überlastung durch.
ist praktisch von besonderer Wichtigkeit. Sie ist hier auf der linken Seite
an drei gleichartigen Stäben mit gleich großer Last, aber verschiedener
Stabbefestigung gezeigt. In den gebogenen Stäben entstehen

MASSE

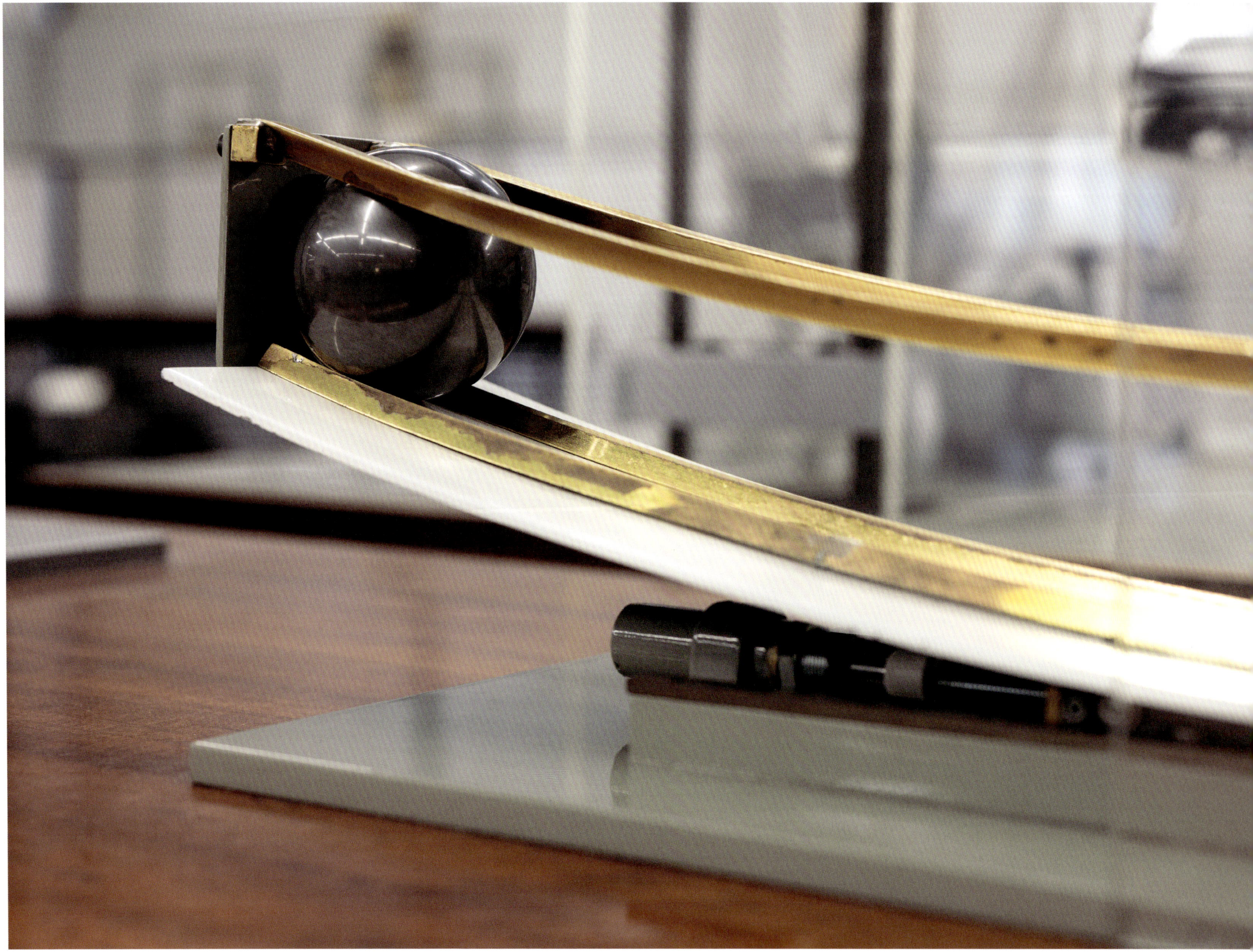

3
2
1
Kugelgeschwindigkeit
in Meter pro Sekunde

ENERGIE
IMPULS UND STOSS

R G I E
IMPULS UND STOSS

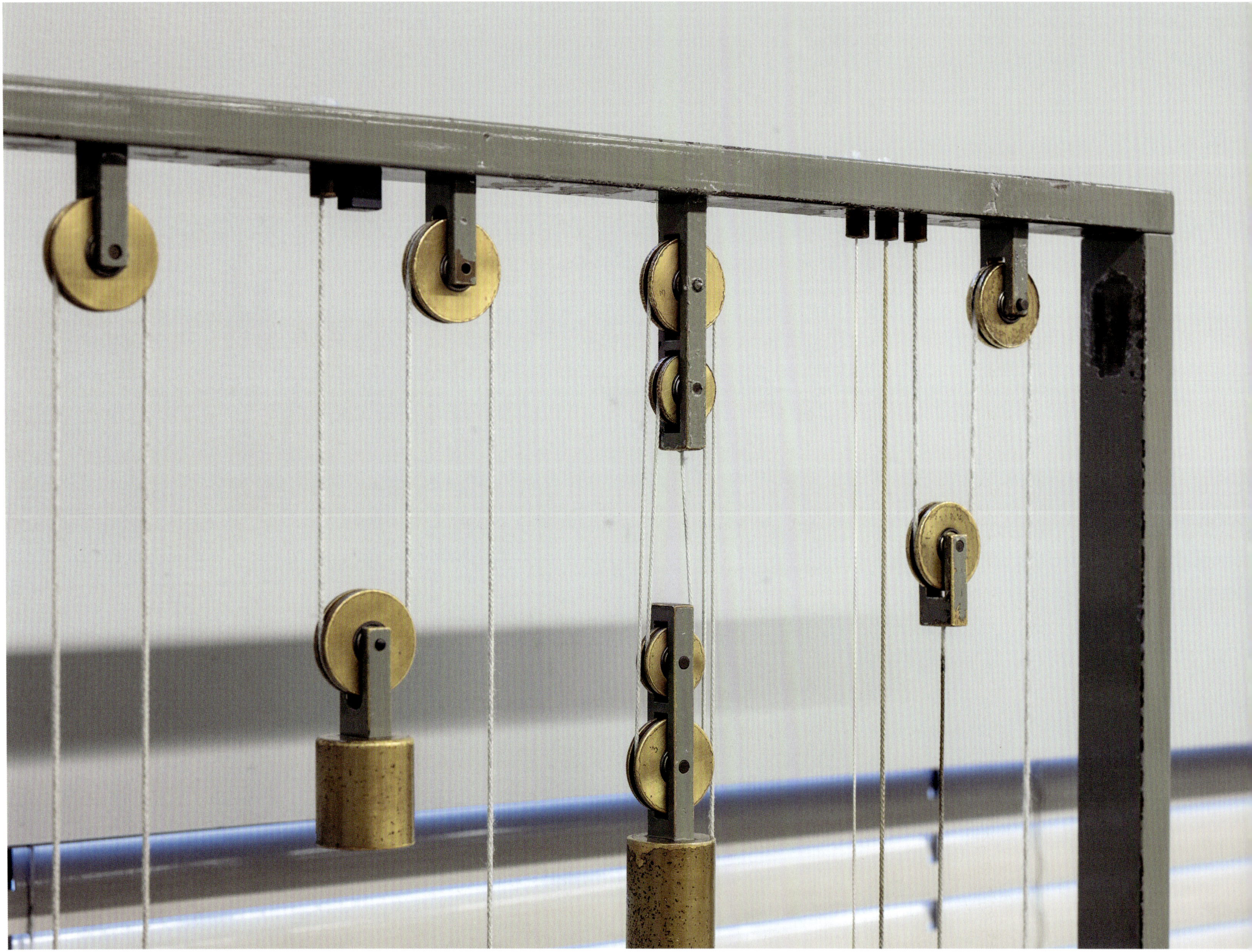

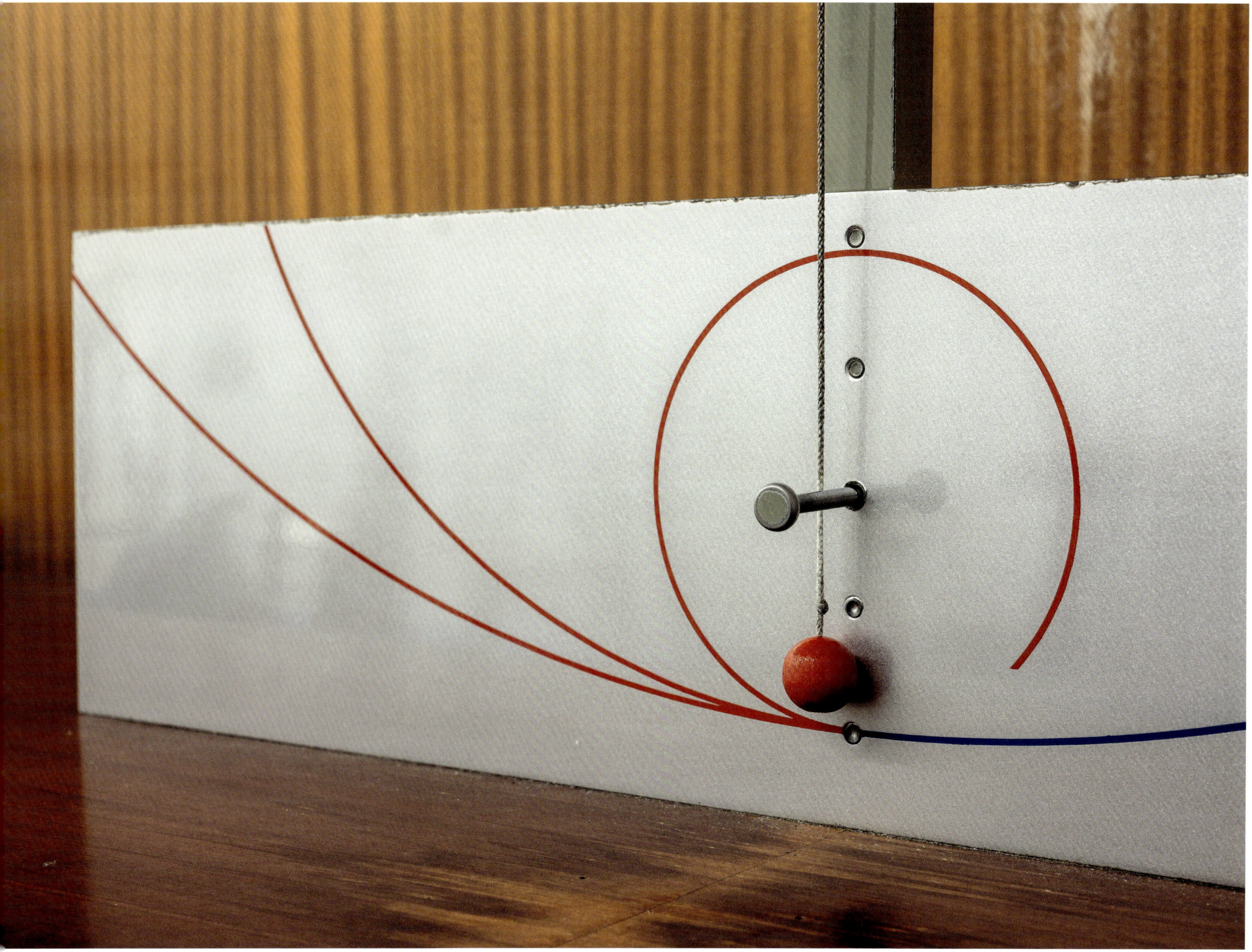

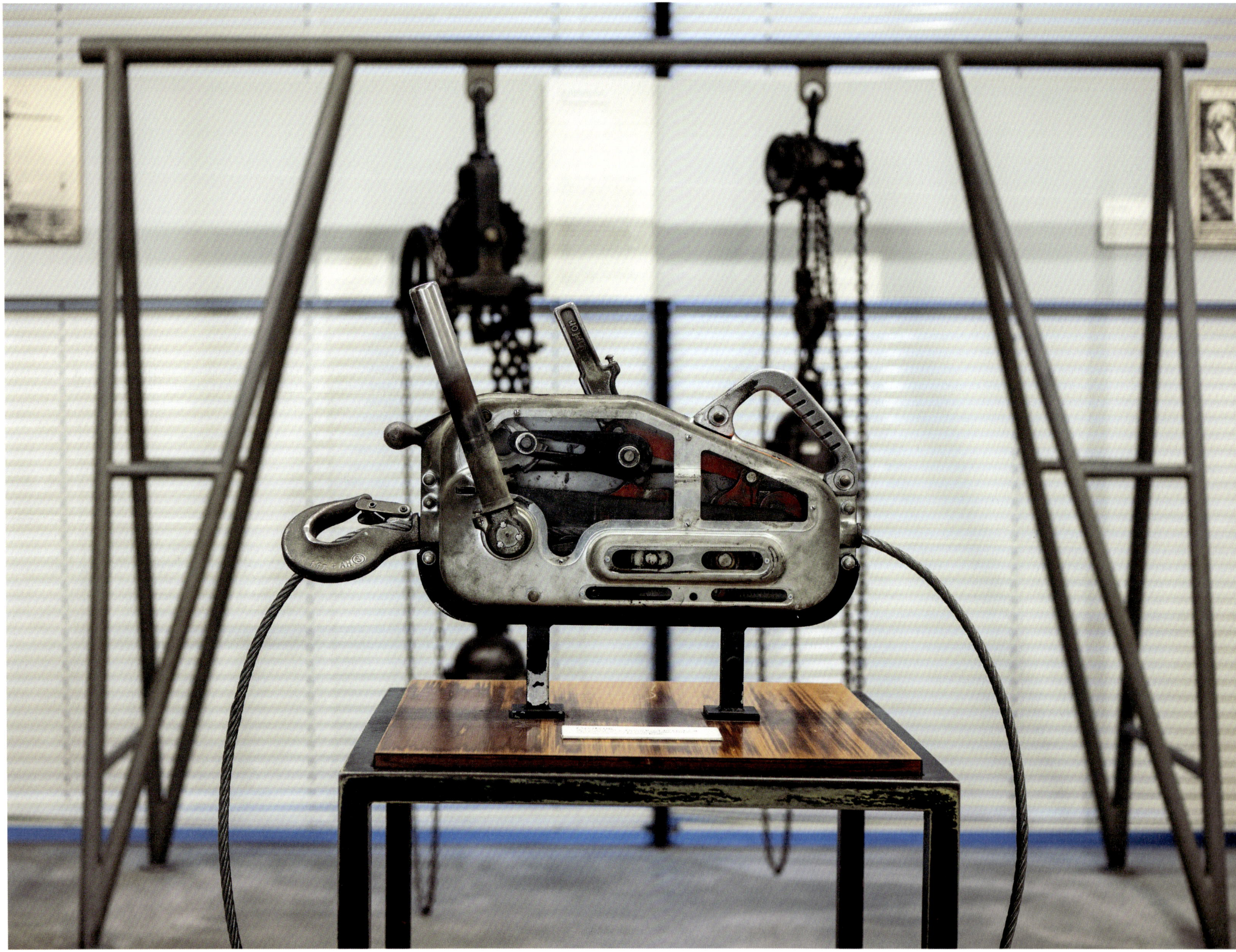

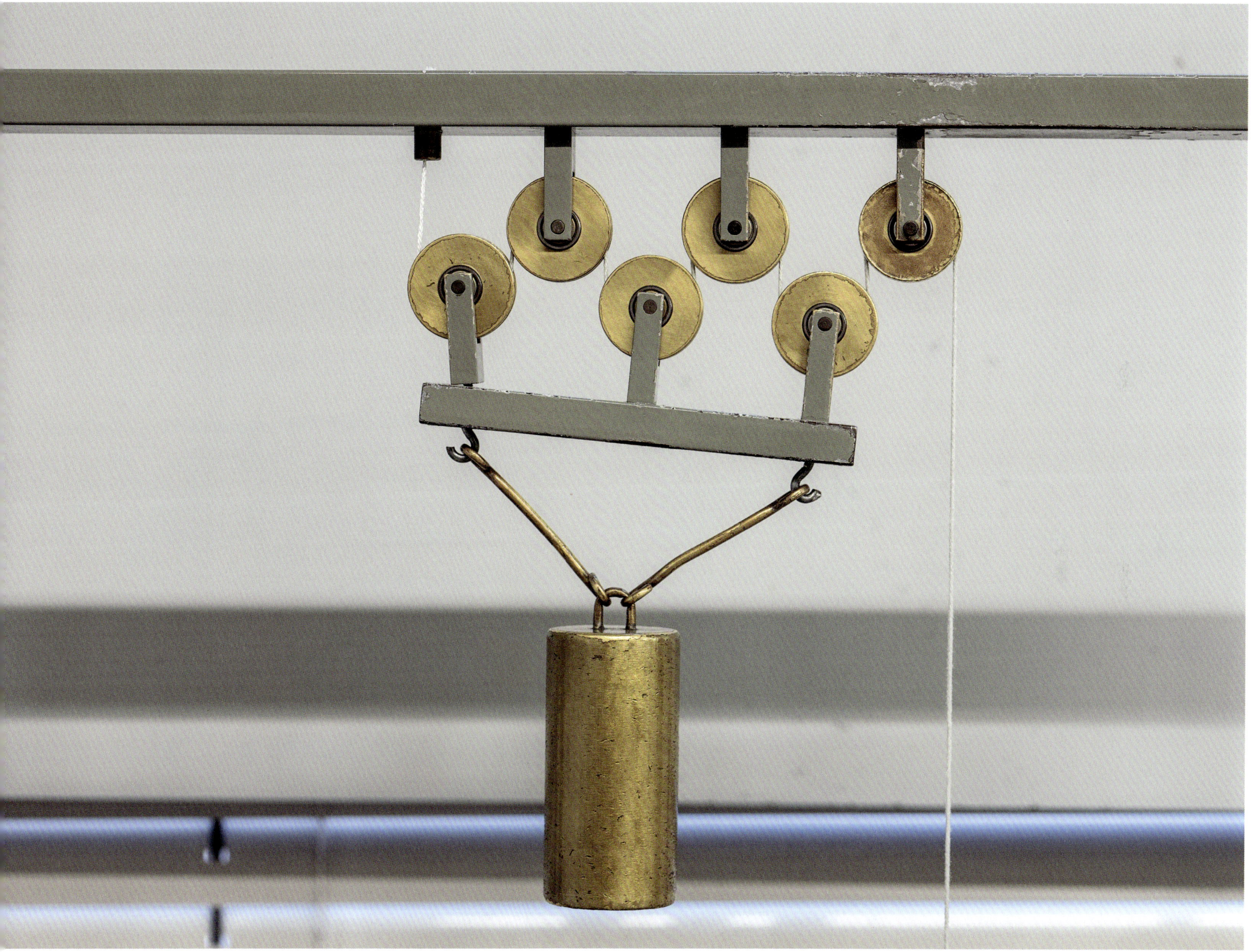

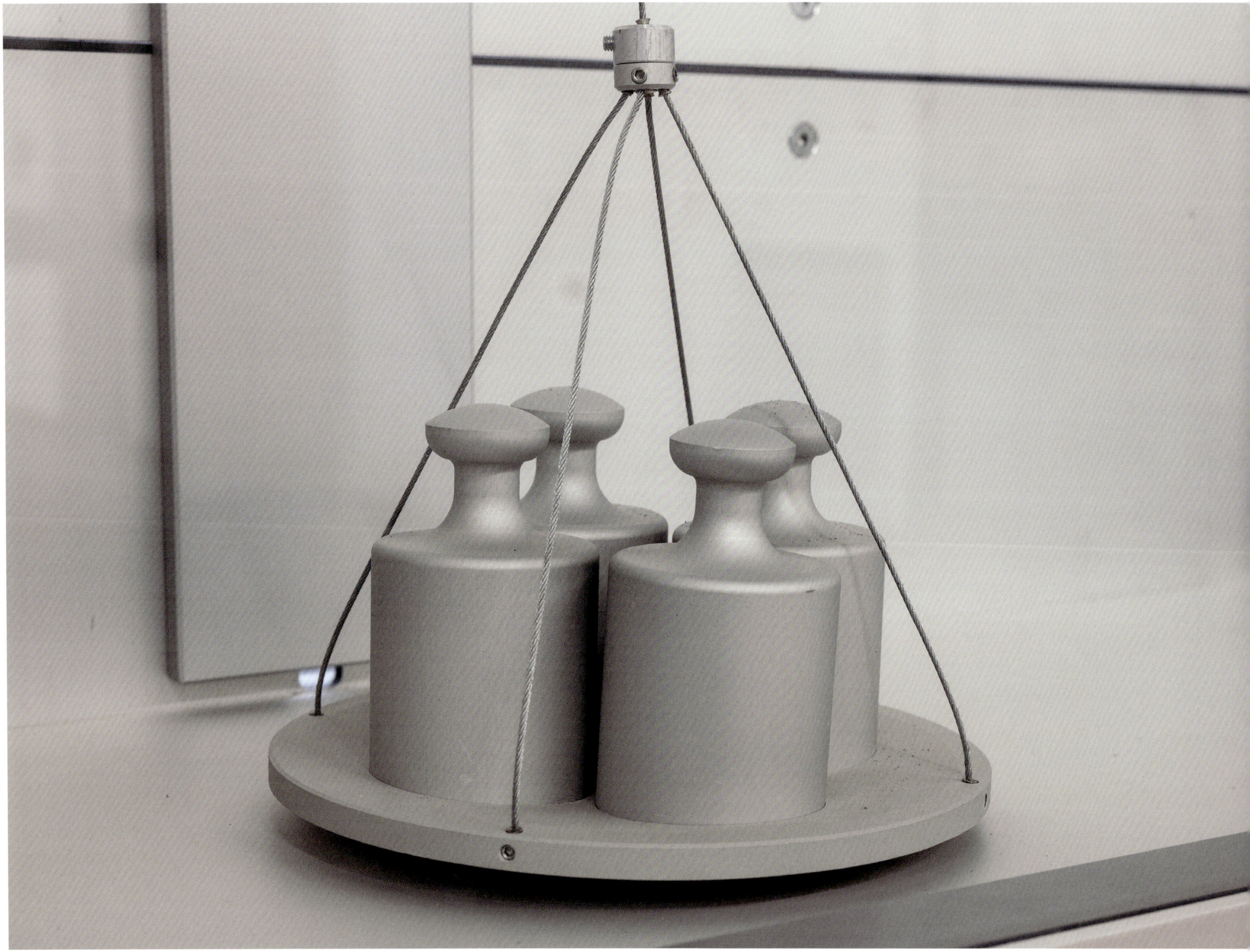

LEISTUNG
ARBEIT

G
ARBEIT

IMPULS UND

K R E
S E L

MECHANIK DER FLÜSSIGK

E
STRÖMENDE FLÜSSIGKEITEN UND

STRÖMENDE FLÜSSIGKEITEN UND GASE

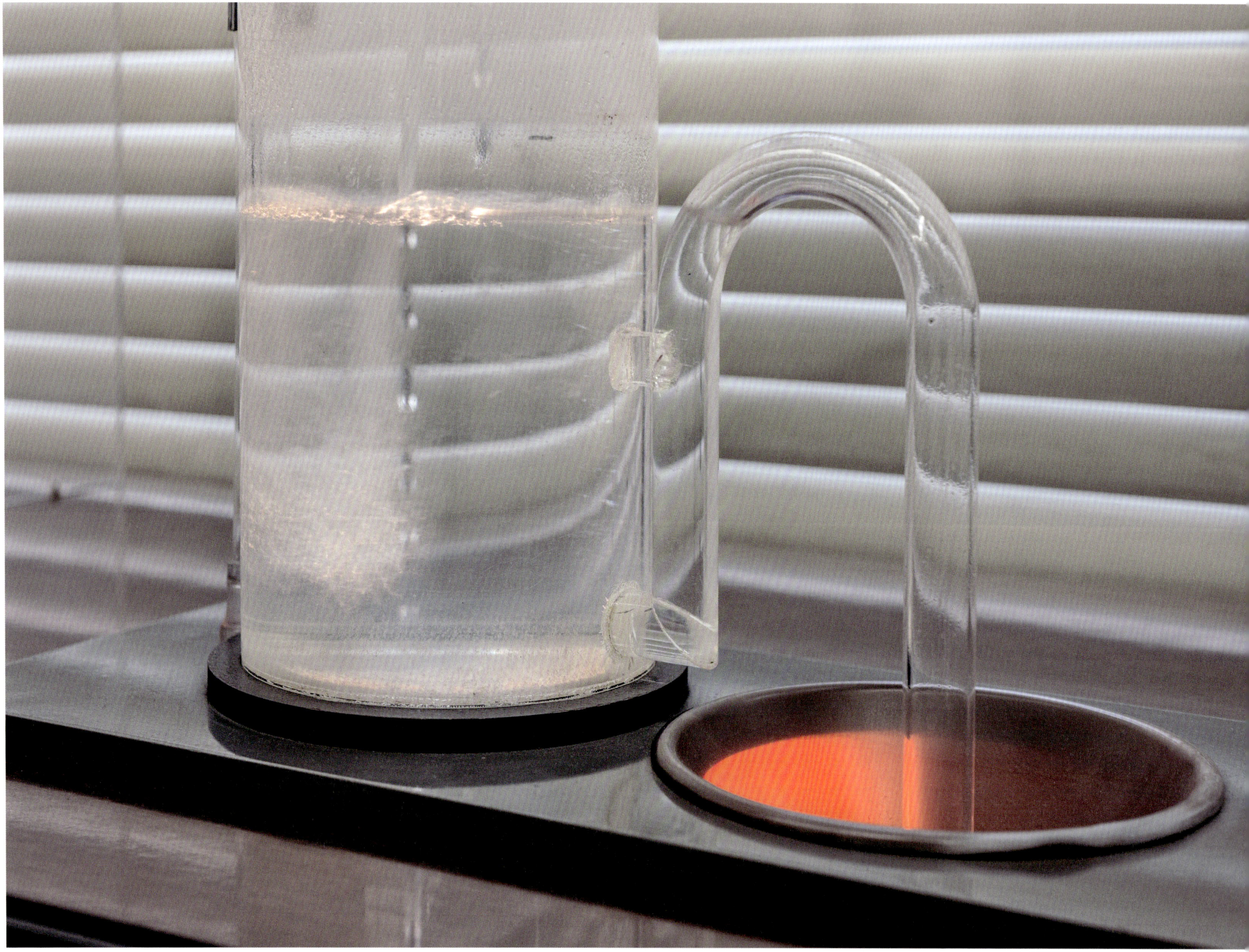

0,05
0,1
0,15
0,2
0,25
bar/psi
FESTO

Das Pitot-Rohr (H.Pitot, 1732)
Schenkel der statische Druck allein herrscht, der hier praktisch ebenso groß wie der
statische Druck an der Meßstelle ist. Aus dem gemessenen Druckunterschied wird
mit dem Bernoullischen Gesetz die Strömungsgeschwindigkeit errechnet.

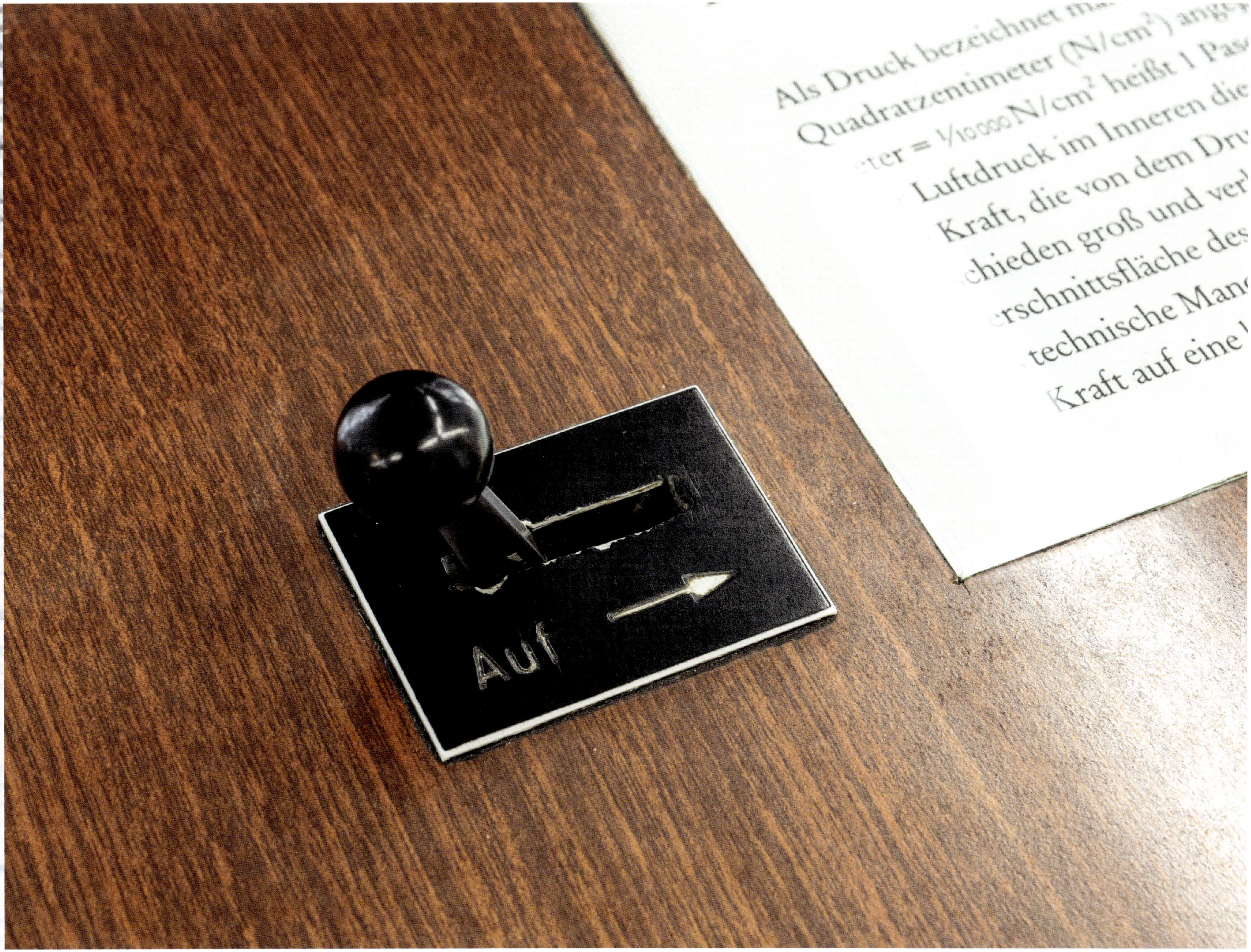
Als Druck bezeichnet
Quadratzentimeter (N/cm^2) ange
eter = 1/10000 N/cm^2 heißt 1 Pas
Luftdruck im Inneren die
Kraft, die von dem Dru
chieden groß und ver
erschnittsfläche des
technische Man
Kraft auf eine
Auf

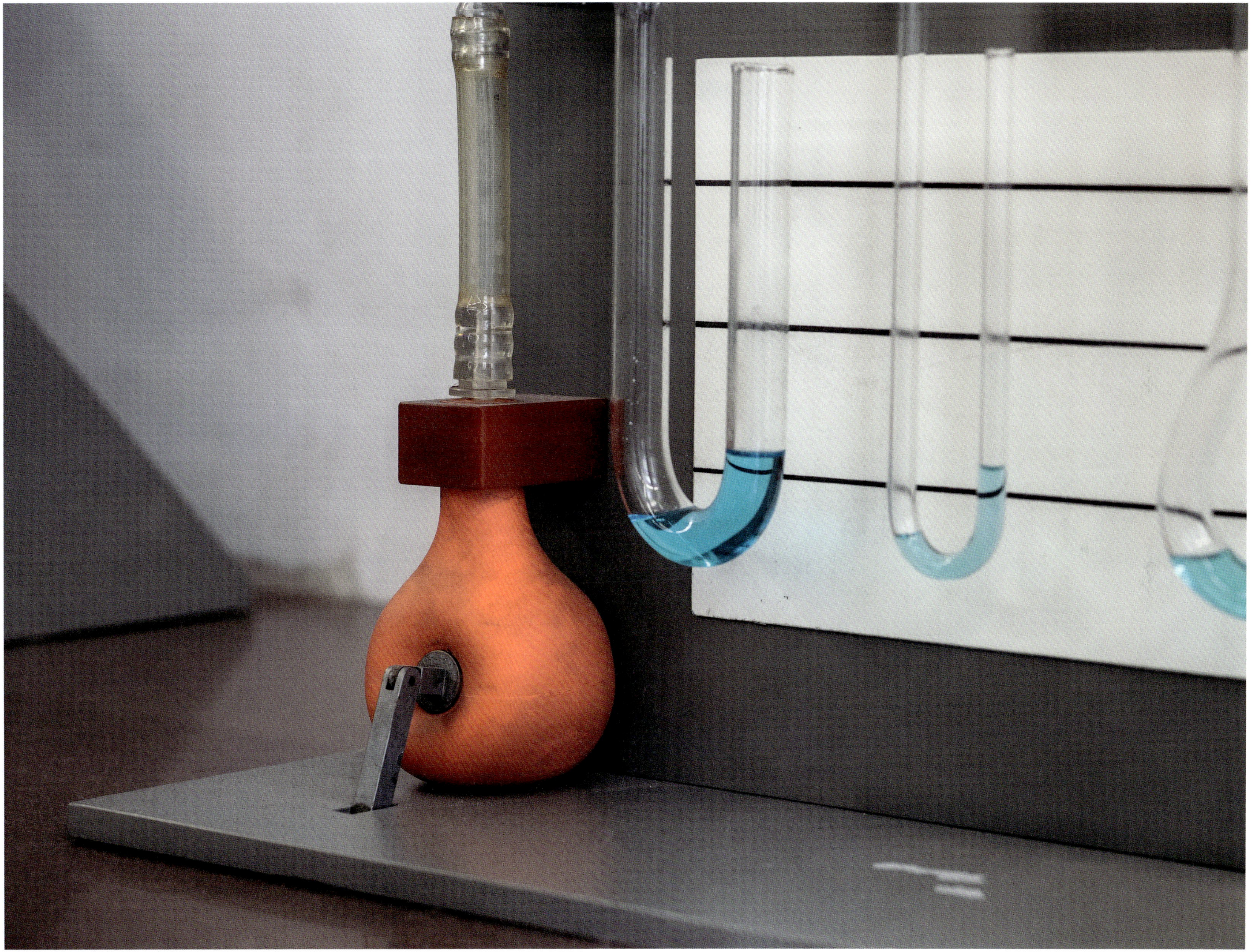

200
100
300
0
400
mmWS

Flüssiger Stickstoff
Liquid Nitrogen
19,0
35,0
Ø 21,6°C
Messpunkt

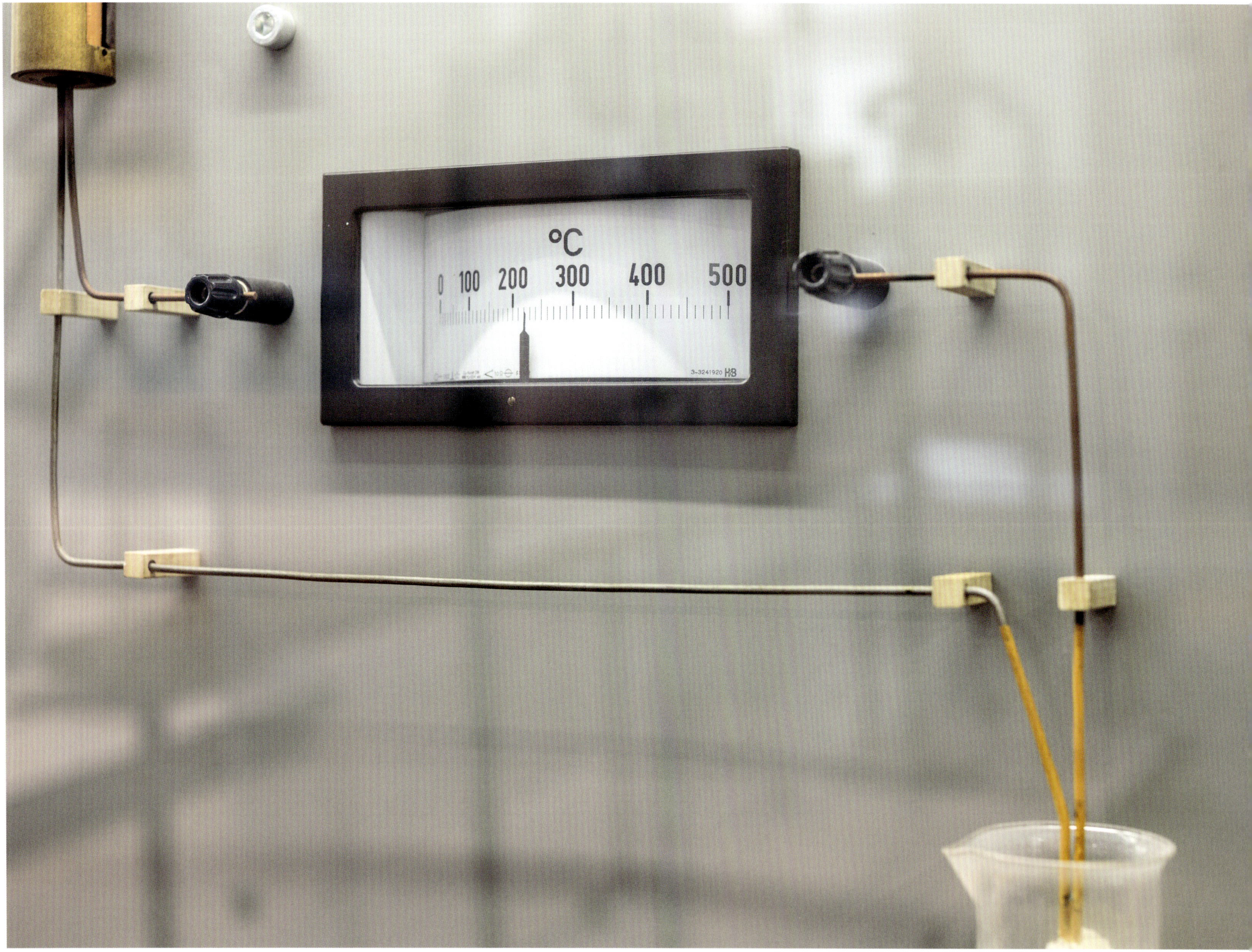
°C
0 100 200 300 400 500

°C
0 20 40 60 80 100 120
100 110 120 130 140
Ω
3-3243047

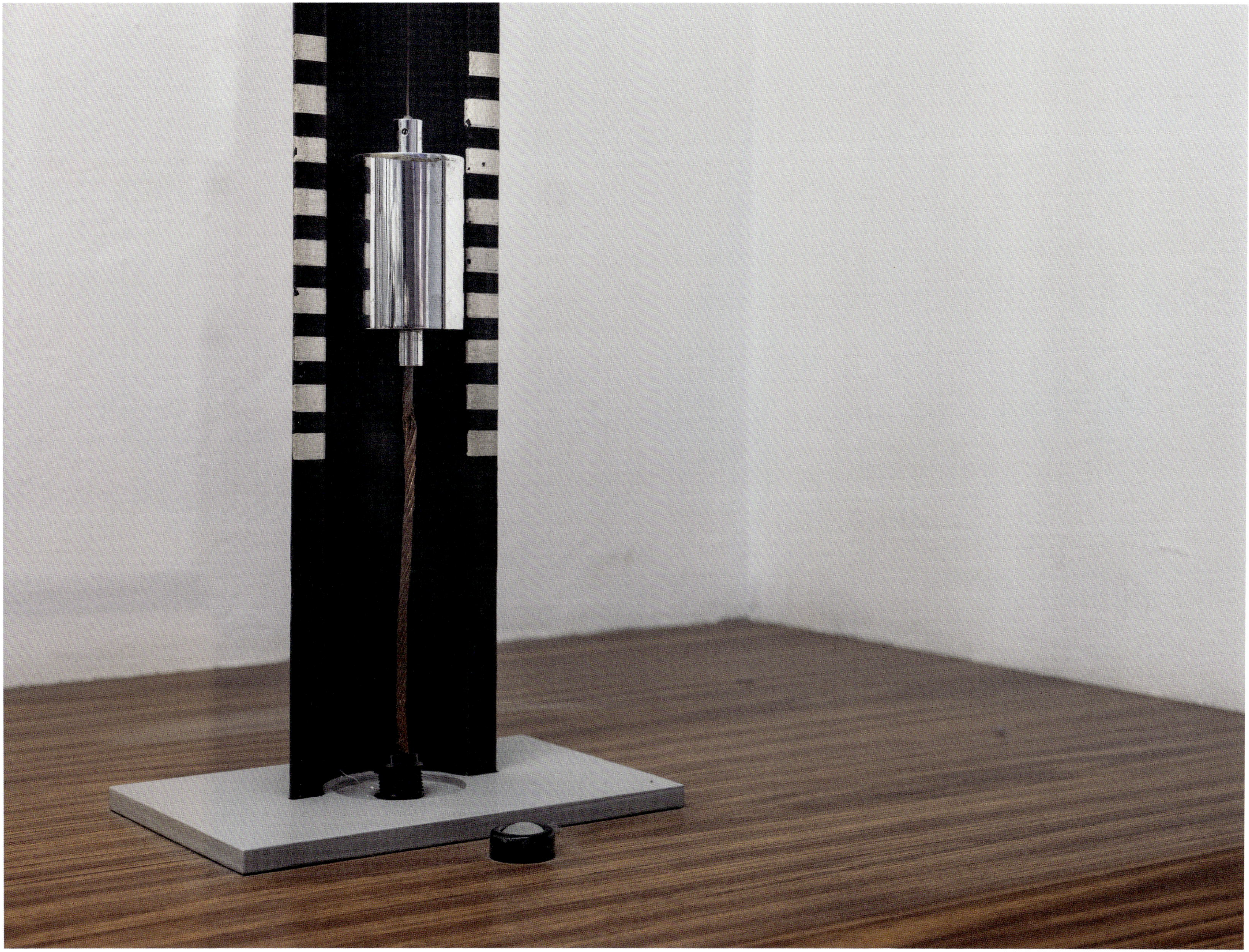

Bereit
Heizstrom
Vakuumpumpe
A
10
15 20

SCHWINGUNGEN

WELLEN
NGUNGEN UND WELLEN

SCHWINGUNGEN UND

F
Fis
Ges
G
Gis
As
A
Ais
B
77 76 75 74 73 72 71 70 69
64 63 62 61 60 59 58 57 56
Eis
F
Fis
Ges
Gis
As
A
Ais
B

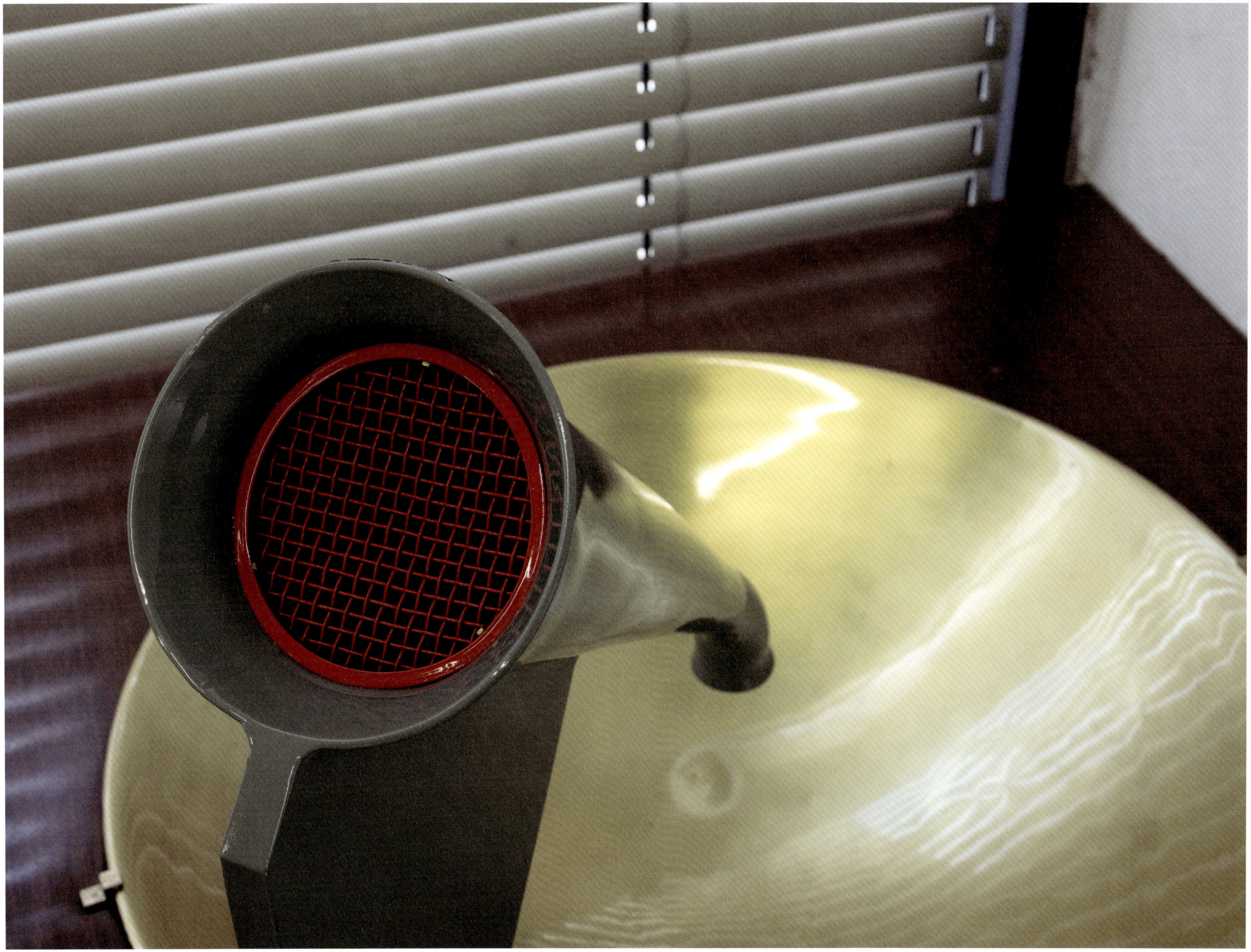

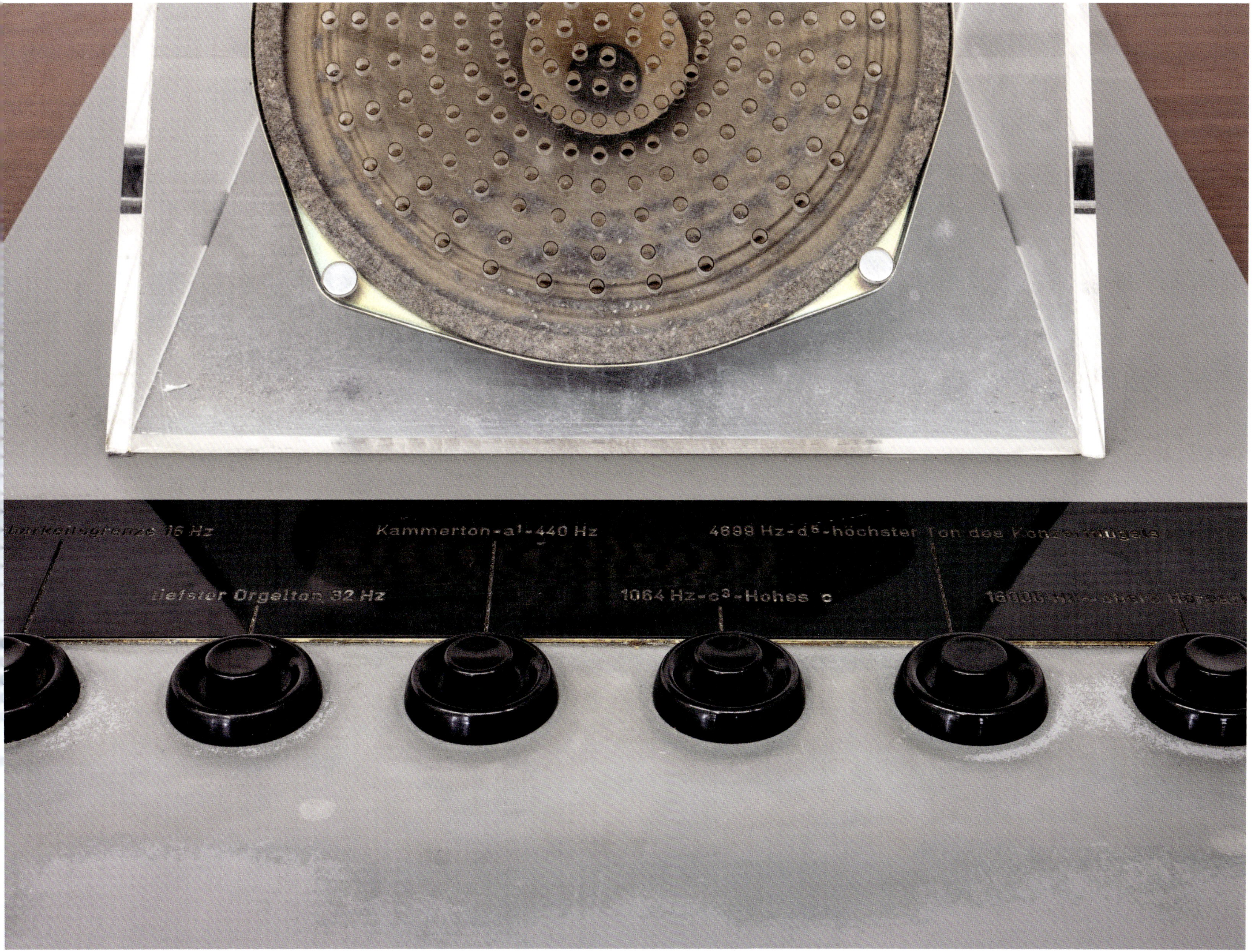
Kammerton-a^1-440 Hz
Orgelton 32 Hz
1064 Hz-c^3-Hohes c

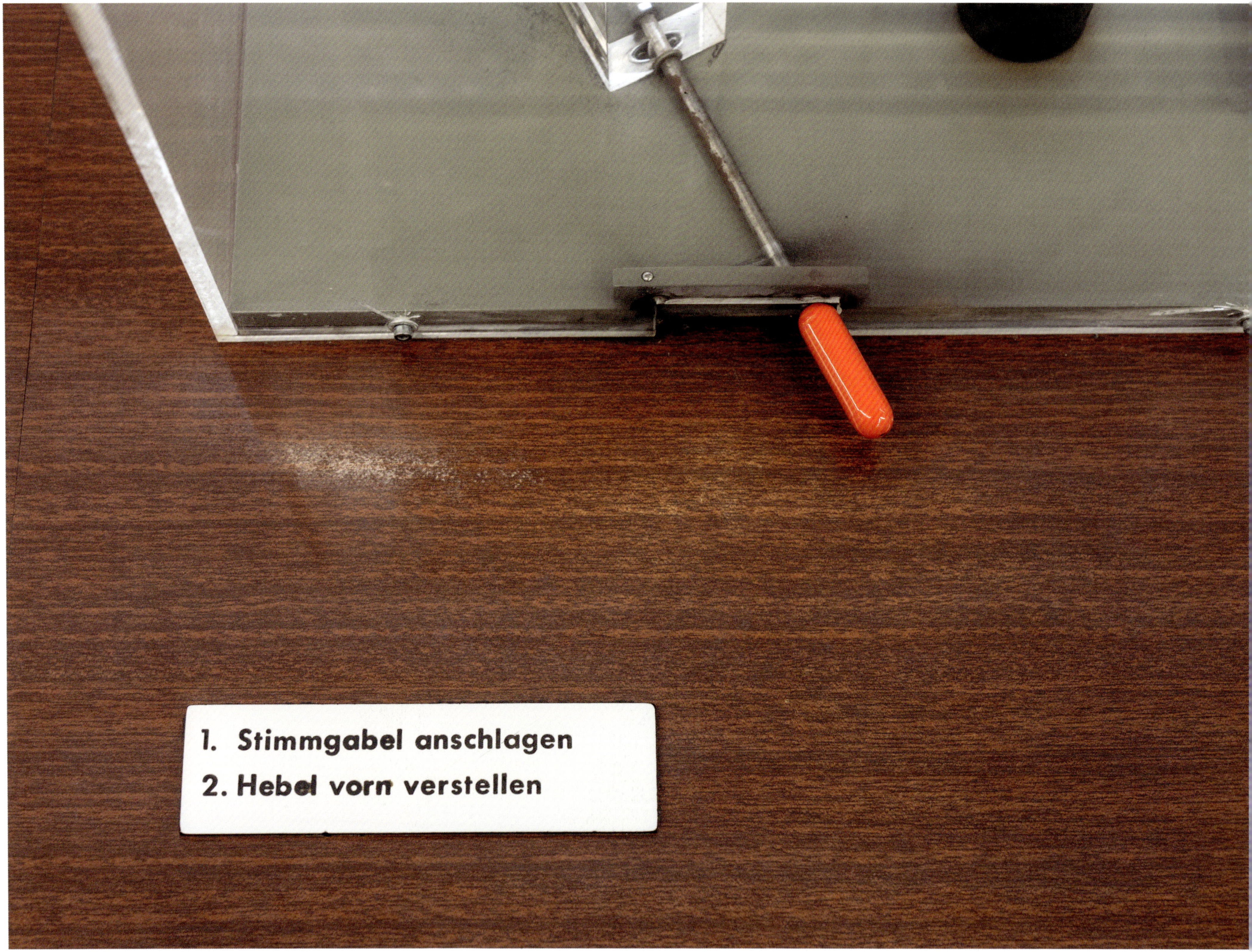
1. Stimmgabel anschlagen
2. Hebel vorn verstellen

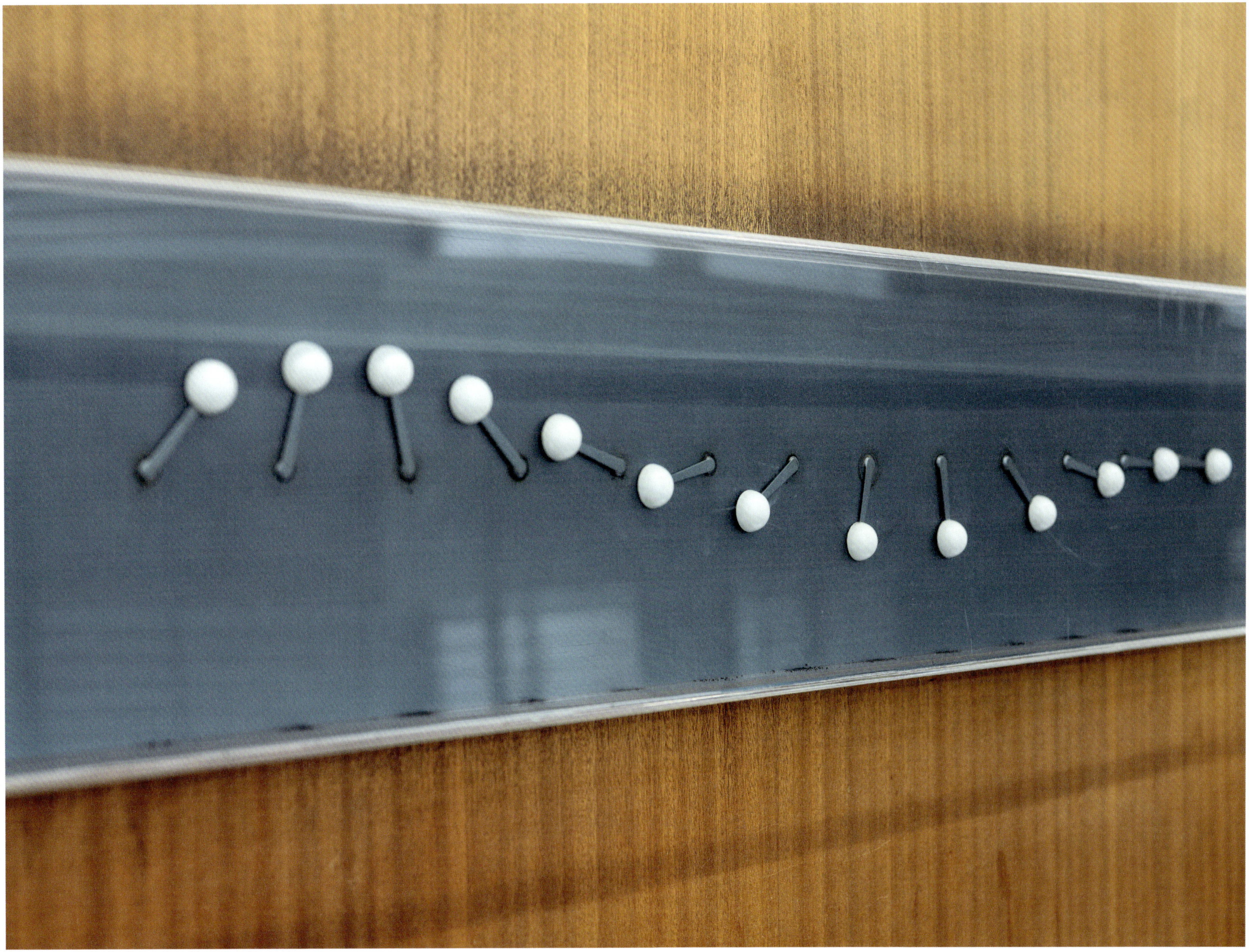

EASTERN
TARTARY

Platten aufladen
Scheibe schwenken
Plattenabstand einstellen

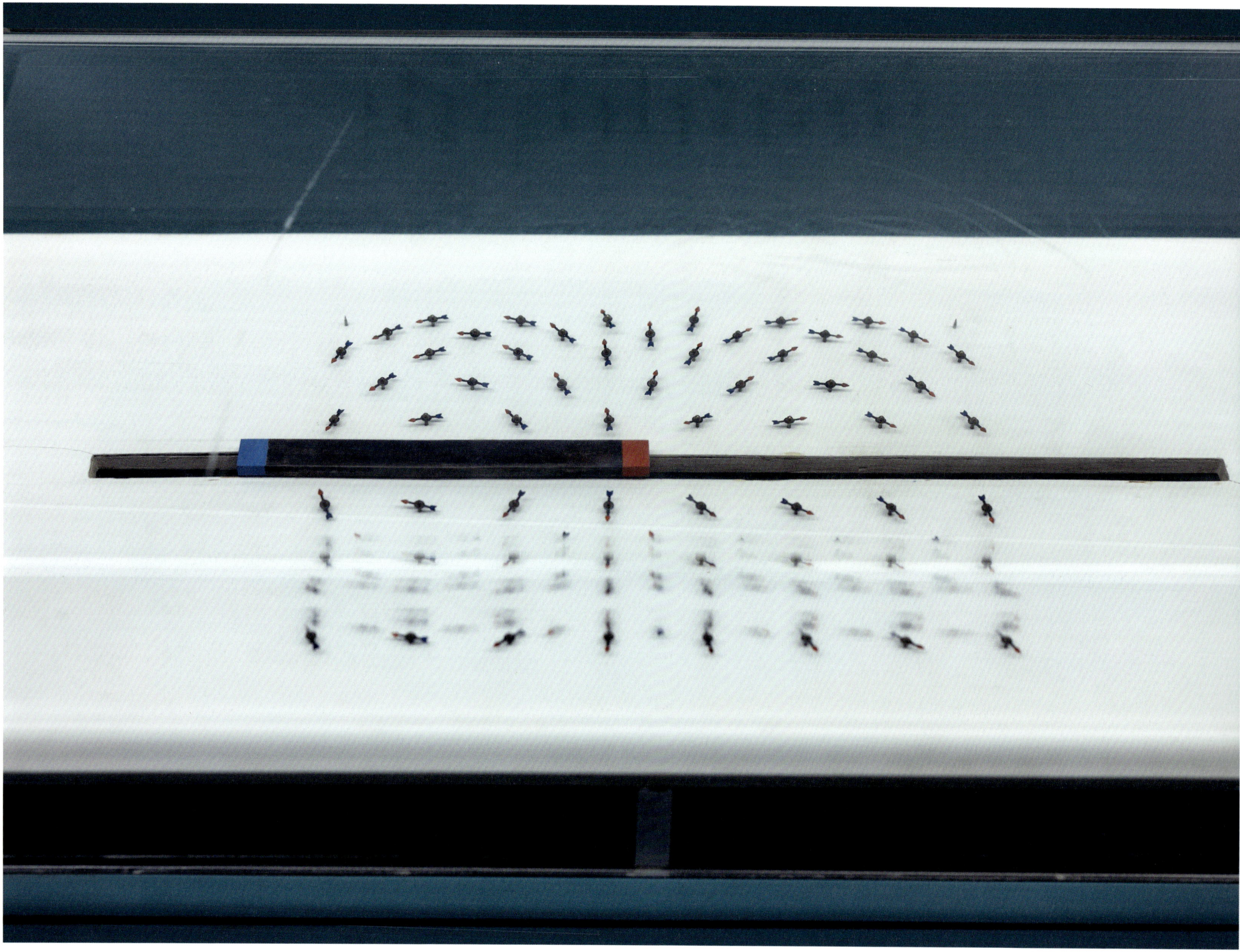

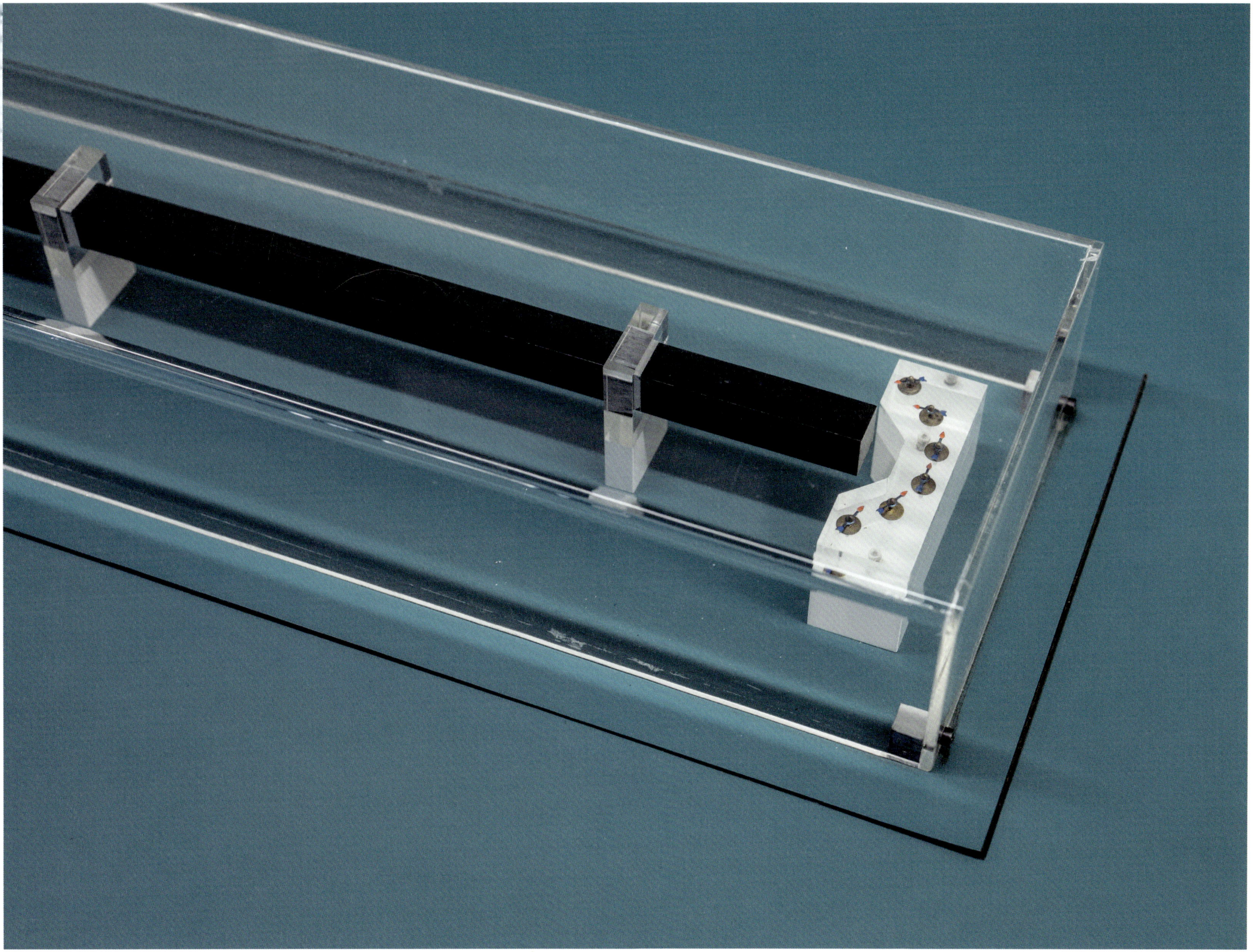

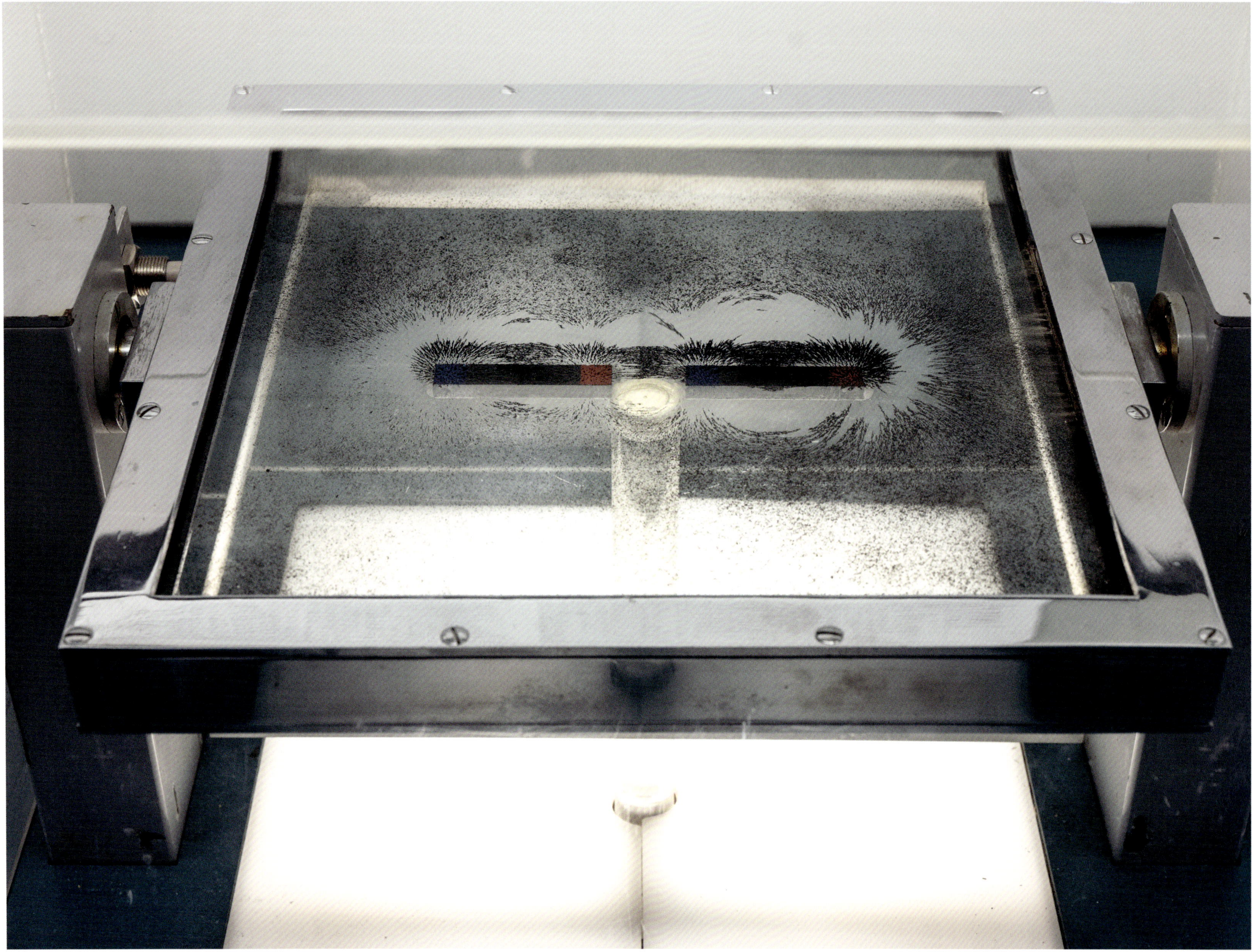

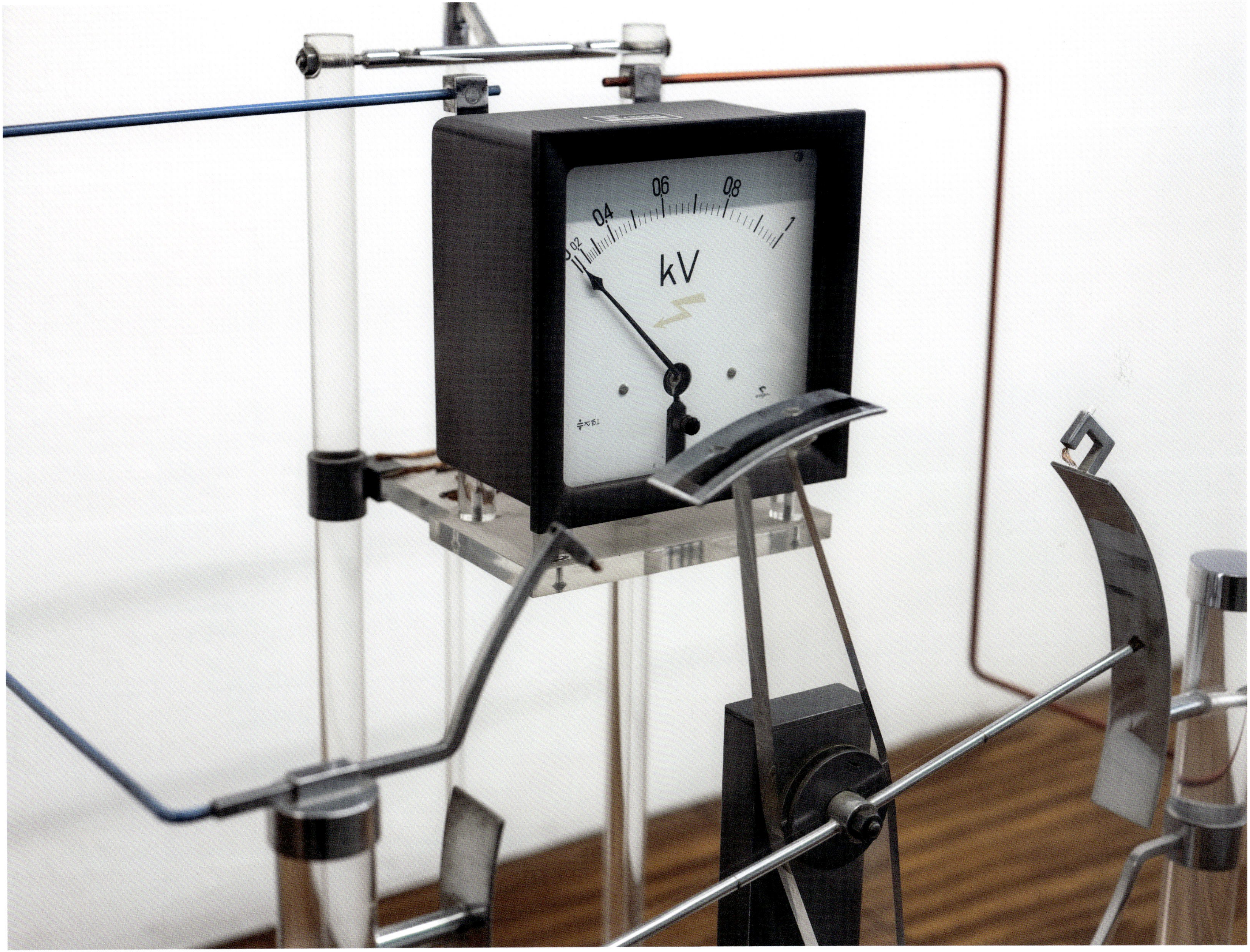
kV

0,4
0,6
0,8
1
kV

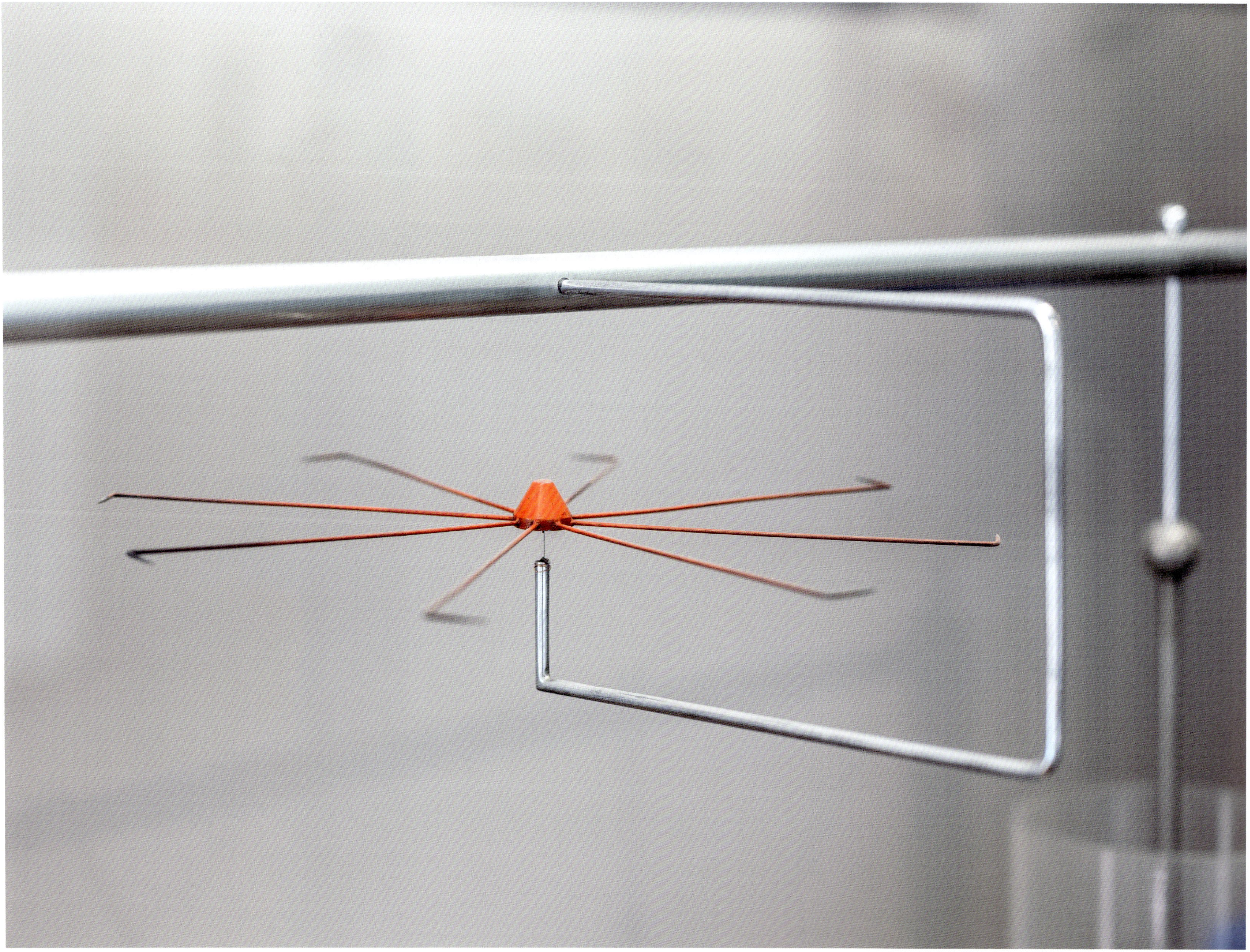

2

DIE AUSSTELLUNGS- UND DETAILABBILDUNGEN

MECHANIK FESTER KÖRPER

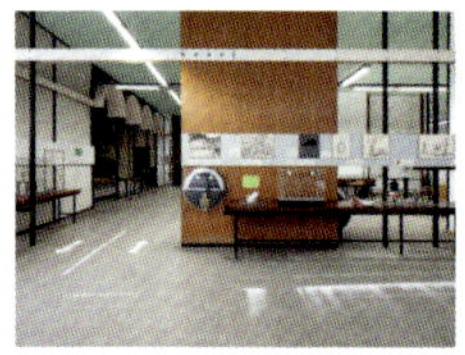
Bereich *Kraft* – im Hintergrund Galileis Arbeitsraum um 1620

Keil und Keilwirkung der Schraube

Last auf einer Brücke

Schraube mit geschnittener Mutter

Hebel und Drehmoment

Einseitiger Hebel

Kraft und Gegenkraft

Bereich *Schwerpunkt und Standfestigkeit* – im Hintergrund Bereich *Kraft*

Bereiche *Schwerpunkt und Standfestigkeit, Drehmoment* und *Reibung*

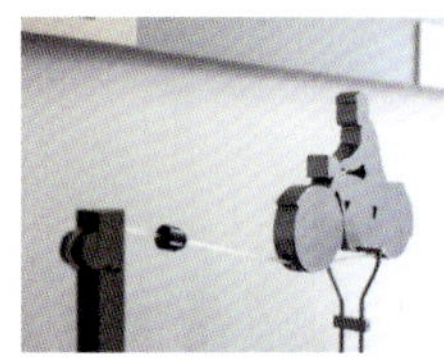
Motorradfahrer auf Seil

Reibungskraft zwischen festen Flächen

Standfestigkeit: Lampe, Postkutsche und flacher Kraftwagen

Labiles, stabiles und indifferentes Gleichgewicht

Schwerpunktbestimmung mit Lotlinien

Kräftepaar und Drehmoment

Galileis Arbeitsraum um 1620 und Bereich *Fall und Wurf*

Bereich *Fall und Wurf*

Bereich *Fall und Wurf*

Freier Fall

Freier Fall (Bedienelement)

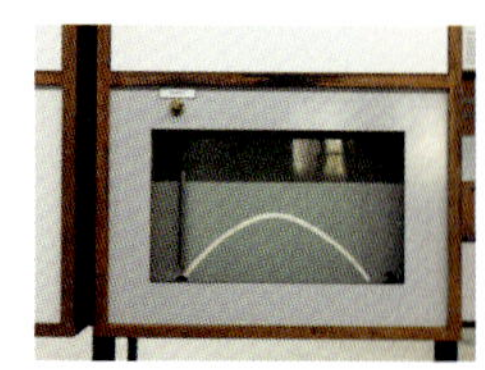
Schräger Wurf

Geschwindigkeit, Beschleunigung, Verzögerung

Bereich *Masse* mit Drehwaage nach R. von Eötvös, 1930 – im Hintergrund Bereich *Elastizität und Festigkeit*

Bereich *Masse* – im Hintergrund Bereiche *Impuls und Stoß* und *Arbeit und Energie*

Knickbeanspruchung

Foucaultsches Pendel (schwingendes Pendel in drehbarem Gehäuse)

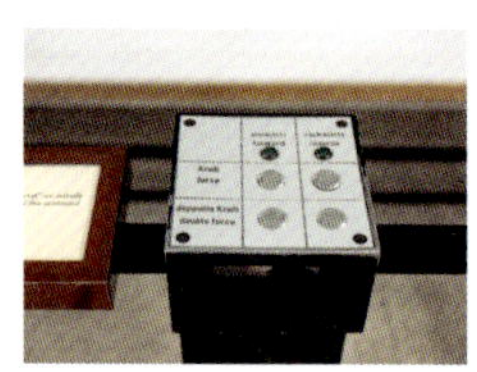
Propellerrad (Bedienelement)

Propellerrad (Beschleunigung einer trägen Masse)

Hookesches Gesetz

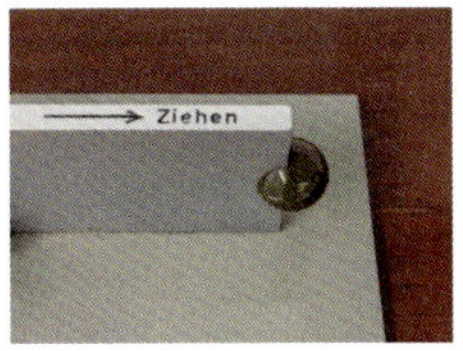

Schubspannung

Torsionsbeanspruchung

Trägheitsmoment (Rad)

Druckspannung und Zugspannung

Fahrzeug in der Kurve

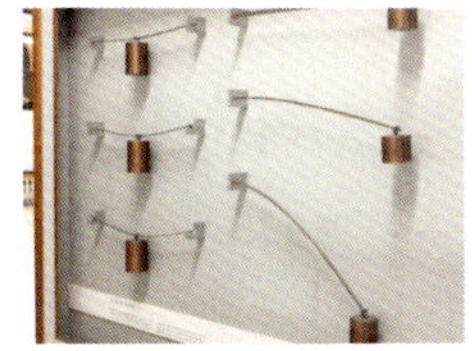
Biegebeanspruchung

Optischer Spannungsprüfer

Schleifenbahn

Trägheit der Masse

Bereich *Masse* mit Bleikugel von Ph. von Jolly (Nachbau)

Bereich Impuls und Stoß – im Hintergrund Bereich *Masse*

Bereich *Impuls und Stoß* – im Mittelpunkt Raketen- und Propellerantrieb

Elastischer Stoß von zwei Kugeln

Elastischer Stoß über eine Kugelkette

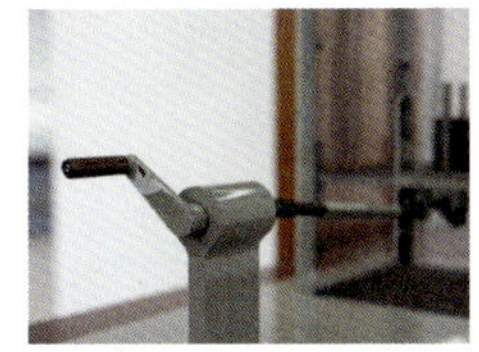
Rückstoß eines Kolbenmotors

Unelastischer Stoß von zwei Kugeln

Rückstoß eines Wagens

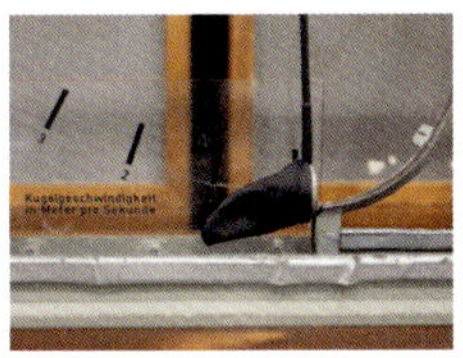
Ballistisches Pendel

Raketen- und Propellerantrieb

Wandpaneel (furniert in Sapelimahagoni)

Bereiche *Arbeit und Energie* und *Impuls und Stoß*

Bereich *Arbeit und Energie* – im Vordergrund Gleishebewinde und Greifzug

Bereich *Arbeit und Energie* – im Vordergrund Kabelwinde

Bereich *Arbeit und Energie* – im Hintergrund Bereiche *Impuls und Stoß* und *Drehimpuls*

Rolle und Flaschenzug

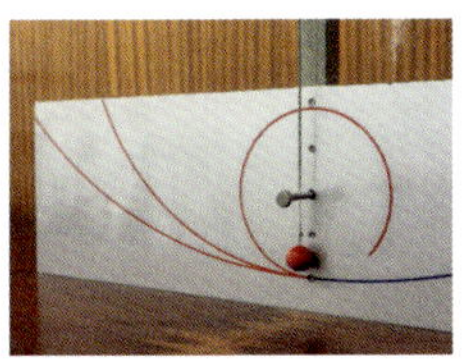
Pendelversuch von G. Galilei

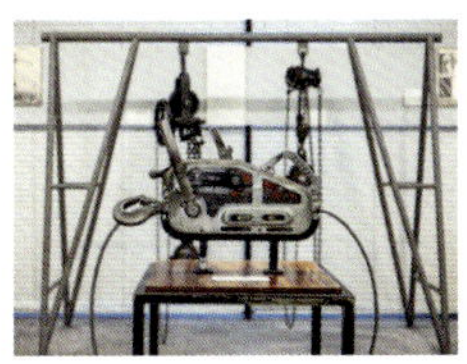
Greifzug

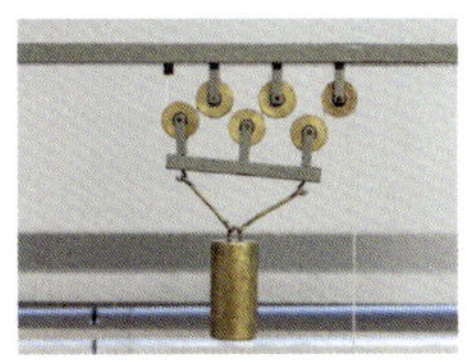
Schneckenflaschenzug

Heben von drei verschiedenen Gewichten bei gleicher Arbeit

Potentielle Energie einer angehobenen Masse

Bereich *Leistung* – im Hintergrund Bereich *Arbeit und Energie*

Bereich *Drehimpuls* (Flächensatz) – im Hintergrund Bereiche *Arbeit und Energie* und *Impuls und Stoß*

Bereiche *Impuls und Stoß* und *Drehimpuls*

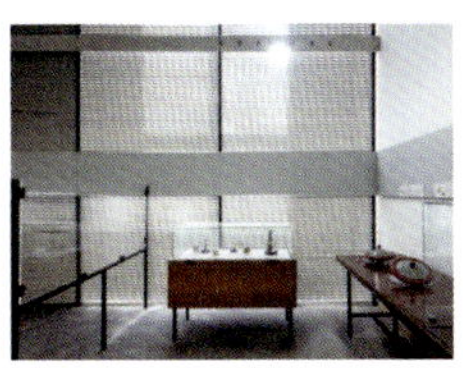
Bereich *Drehimpuls* (Kreisel) – im Mittelpunkt Konvolut historischer Kreisel

Drehscheibe mit zwei Hanteln

Schwerer Kreisel und kräftefreier Kreisel

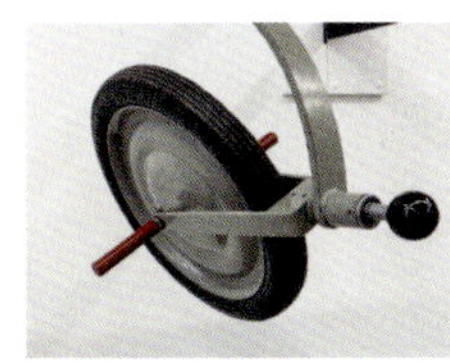
Kreiselwirkung (Vorderrad eines Fahrrads)

Heben von gleichen Gewichten auf die gleiche Höhe in unterschiedlicher Zeit

Zwei kreisende Kugeln

Zwei kreisende Kugeln (Bedienelement)

MECHANIK DER FLÜSSIGKEITEN UND GASE

Bereich *Ruhende Flüssigkeiten und Gase*

Bereich *Strömende Flüssigkeiten und Gase*

Bereich *Strömende Flüssigkeiten und Gase*

Archimedischer Versuch zum Auftrieb

Gleichgewicht schwimmender Körper

Druck und Kraft

Fall im luftleeren Raum

Saugheber

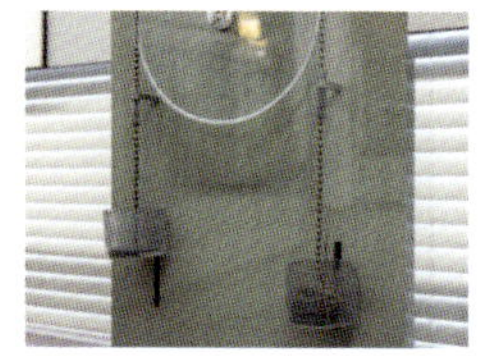
Kettenmodell des Saughebers

Hydrostatisches Paradoxon

Cartesischer Taucher

Widerstand von Körpern in strömenden Gasen und Flüssigkeiten

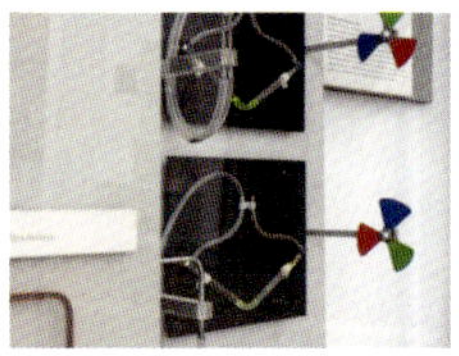
Geschwindigkeitsmessung an strömenden Gasen und Flüssigkeiten

Auftriebskraft an Tragflächen

Druck und Kraft (Bedienelement)

Bernoullisches Gesetz

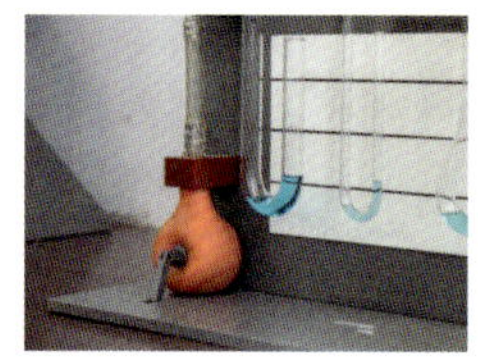
Flüssigkeitsmanometer

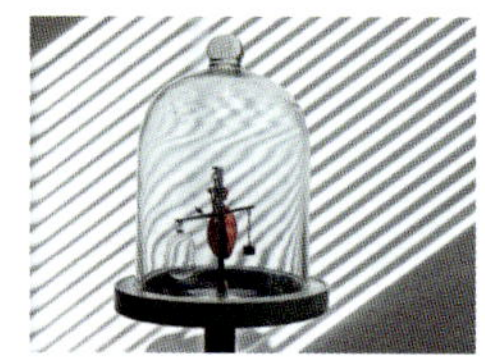
Baroskop (Dasymeter)

Vier Manometer (hier Wellrohrmanometer)

WÄRME

Bereich *Temperatur*

Bereiche *Wärmemenge* und *Temperatur*

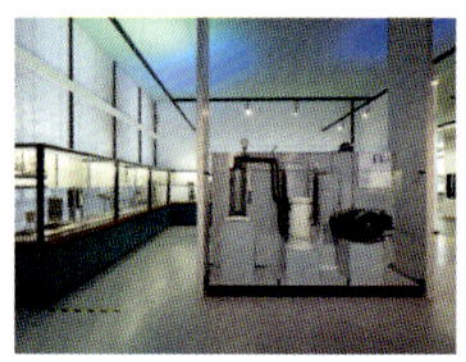
Bereiche *Temperatur* und *Tiefe Temperaturen* – im Mittelpunkt Luftverflüssigungsanlage von C. von Linde, 1906

Bereiche *Wärmemenge* und *Tiefe Temperaturen* mit Vorführbereich Flüssiger Stickstoff

Bimetall-Temperaturregler eines Bügeleisens

Heißleiterthermometer

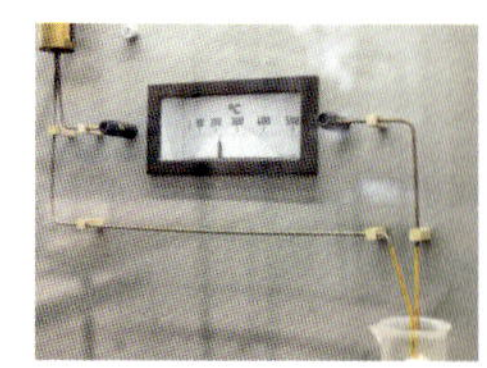
Thermoelement

Widerstandsthermometer

Bimetall-Thermometer

Wärmeausdehnung eines Drahts

Wärmeisolatoren (Ziegel, Holz, Styropor)

Wärmeleitung von Gasen

SCHWINGUNGEN UND

WELLEN

Bereiche *Wellen* und *Schallwellen*

Bereich *Schwingungen*

Bereiche *Schwingungen*, *Wellen* und *Schallwellen* – im Mittelpunkt Wellenmodell

Bereiche *Schwingungen* und *Wellen* – im Vordergrund Wasserwellen

Bereiche *Schallwellen*, *Schwingungen* und *Wellen* – im Mittelpunkt Wasserwellen

Bereiche *Wellen*, *Schwingungen* und *Schallwellen* – im Vordergrund Wasserwellen

Monochord

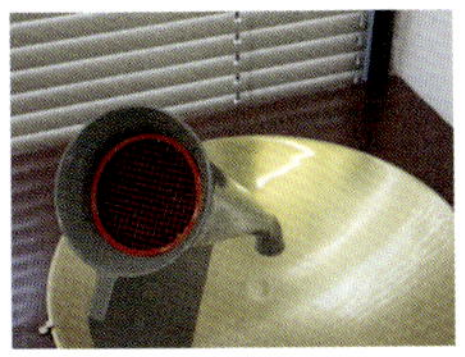
Spiegelung und Bündelung von Schallwellen durch Hohlspiegel

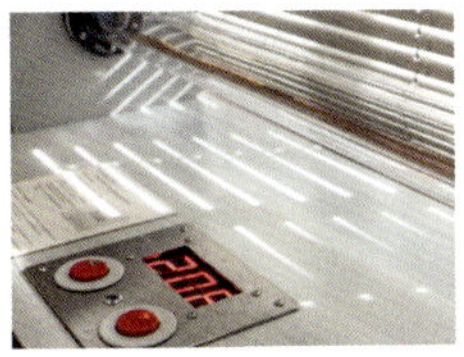
Kundtsches Rohr

Wellenmodell

Mathematisches Pendel (gleiche Länge, verschiedene Massen)

Tonfrequenzgenerator

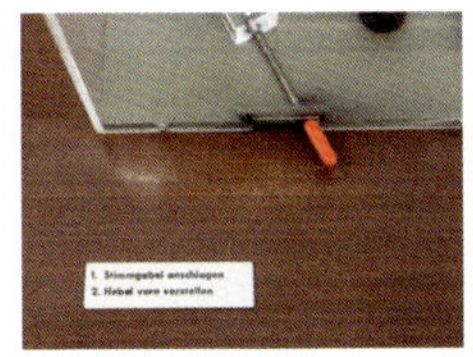
Resonanzkasten (Bedienelement)

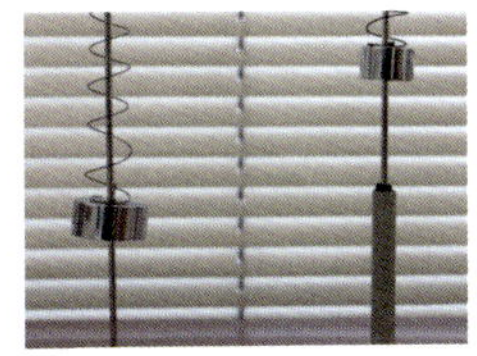
Federpendel

Resonanzkasten

Resonanz zweier Stimmgabeln

Resonanz (Zungenfrequenzmessung)

Mathematisches Pendel (verschiedene Längen, gleiche Massen)

Konsonanz und Dissonanz

Wellenapparat (Torsionswellen)

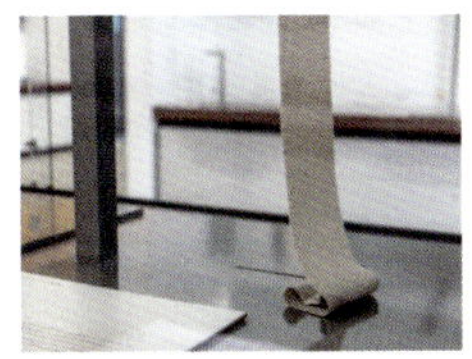
Gedämpfte Wellen

Tonleitern

Wasserwellenmodell (Bedienelement)

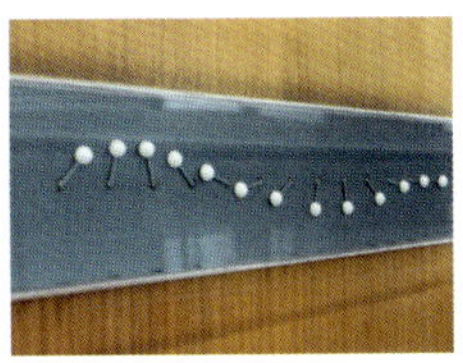
Wasserwellenmodell

ELEKTRIZITÄT UND MAGNETISMUS

Bereich *Spannung* mit Konvolut historischer Elektroskope

Bereich *Magnetostatik* mit Topfmagnet – im Hintergrund Bereiche *Kapazität* und *Spannung*

Kondensator und Kapazität (Bedienelement)

Magnetische Abstoßungskräfte

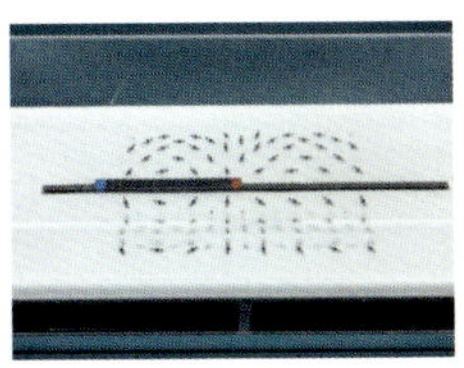
Magnetisches Feld (Kraftlinienbilder durch kleine Magnetnadeln)

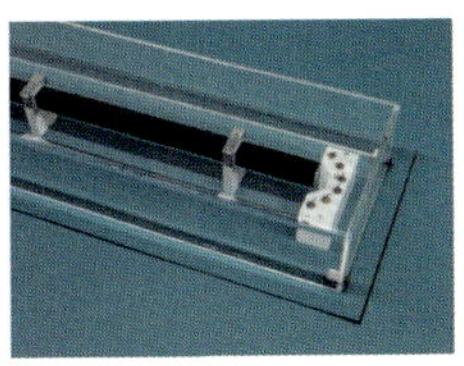
Induzierte Magnetisierung

Magnetisches Feld (Kraftlinienbilder durch Eisenteilchen)

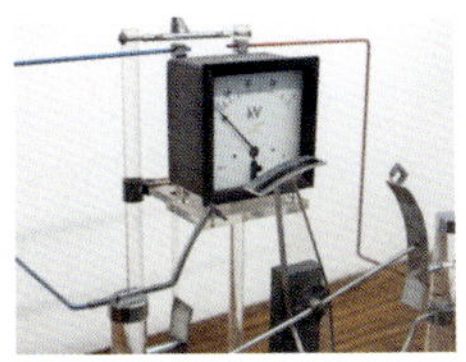
Influenzmaschine – Prinzipmodell

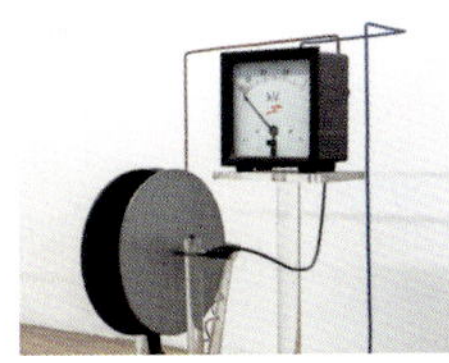
Kondensator und Kapazität

Elektrometer nach F. Braun, um 1960

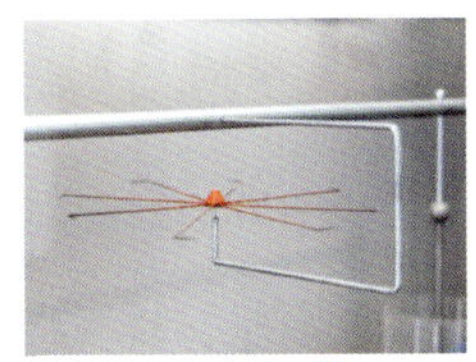
Bandgenerator mit elektrischen Versuchen (hier Spitzenrad)

Bandgenerator mit elektrischen Versuchen (hier Haarspreizen und Faradayscher Käfig)

Lukas Nikol ist Designer und Fotograf.
Er lebt mit seiner Familie in München.

NACHWORT

Irgendwann zu Beginn der 80er-Jahre habe ich wohl zum ersten Mal als Kind bewusst die *Abteilung Physik* im Deutschen Museum wahrgenommen.

Während der vielen Besuche im Deutschen Museum, meistens zusammen mit meinem Bruder und unserem Großvater, lag beim Ansteuern der Abteilung Physik bereits ein ausgedehnter Parcours durch die weitläufigen Hallen des Hauses hinter uns. Dem Sog der Besucher-Heerscharen folgend, war ich an Schiffen, Flugzeugen und Raketen, an Lokomotiven, Lastwägen und Rennautos vorübergewandert, zunehmend rastlos weitergerissen vorbei an der endlos scheinenden Fülle an spektakulären hängenden, fliegenden oder fest im Boden verankerten Ungetümen.

Wie anders war es in den Räumen der Physiksammlung!

Hier zog kein großes Objekt sofort die Aufmerksamkeit auf sich. Stattdessen beeindruckte mich ein heller, lichter und wohltuend geordneter Raum. Angesichts der aufgeräumten Andersartigkeit und der nur wenigen Menschen fragte ich mich damals zunächst: Habe ich ein geheimes Labor entdeckt? Wird hier geforscht? Darf ich als Besucher überhaupt hier sein?
Dabei war der Raumeindruck nicht abweisend, ganz im Gegenteil. Nur sehr anders und besonders. Eben war ich noch durch eine massive und labyrinthisch anmutende Treppenanlage gestolpert wie durch eine gewaltige steinerne Höhle im Innersten dieses enormen Gebäudes aus der Kaiserzeit. Jetzt stand ich in Räumen, die mit ihren Einbauten, den scheinbar schwebenden Tafeln, Tablaren, Tischen und Bänken, den hölzernen Wandelementen und den vertikalen schwarzen Stahlprofilen wie eine raffinierte dreidimensionale, begehbare Zeichnung aus Linien, Flächen und Kanten auf mich wirkten.

Als ich mich an die Ausstellungsstücke herantraute, war mir schnell klar, dass der Besuch hier sehr willkommen ist. Eine Reihe von Stationen lud dazu ein, Hebel zu betätigen, Gewichte zu heben, Kugeln zu rollen, Federn zu spannen und Schritt für Schritt den Grundkanon der klassischen Physik versuchsweise durchzuspielen. Großartig!

Sicher habe ich zu ungeduldig an mancher Station herumhantiert, ohne immer zu verstehen, was eigentlich vermittelt werden soll. Aber das war nicht wichtig und ließ sich bei späteren Besuchen nachholen. Eindrücklich war für mich damals das Gefühl, das die Ausstellung und die Atmosphäre bei mir hervorgerufen hat: eine bestimmte Gewissheit und ein Vertrauen, dass die Welt und Ihre Phänomene sich erforschen und erklären lassen und dass alles einer Ordnung und Gesetzmäßigkeit folgt, die wir Menschen verstehen können und die wahrscheinlich auch ich verstehen kann. Was für ein aufregendes und gleichzeitig beruhigendes Gefühl!

Viele Jahre später, im Winter 2022 und kurz vor dem endgültigen Abbau dieser mittlerweile rund 70 Jahre alten Dauerausstellung, war ich mit meiner Kamera wieder in der *Abteilung Physik* zu Besuch und habe dabei die Erinnerung an diese Wahrnehmung in mir wiederentdeckt.
Es ging mir beim Fotografieren nicht um eine möglichst vollständige Dokumentation, sondern ich wollte auch dieser Erinnerung nachspüren und das herausstellen, was für mich die besondere Qualität dieser Räume ausgemacht hat.
In meinen Augen war die Ausstellung mit ihrer konsequenten Gestaltungslinie, angefangen von der Bewegungs- und Lichtführung, der räumlichen Zonierung, über die sorgfältige und reduzierte Wahl von Materialien, Farben und Typografie bis hin zu den Details der Versuchsanordnungen, ein faszinierendes Beispiel für den Spirit und die Geisteshaltung der Nachkriegsmoderne. Sie erzeugte in mir eine Ahnung von den Konzepten, die das vergangene Jahrhundert ideell in Teilen ausgezeichnet hat: Funktionalismus, nicht nur in den gestaltenden Disziplinen, ein positivistischer Erkenntnisansatz und eine Selbstverständlichkeit des wissenschaftlichen Fortschritts.
Die Ausstellung als zeitgeschichtliches Zeugnis guter Gestaltung ist nun verschwunden, die Klarheit und der allgemeine Zukunftsoptimismus, der aus ihr herauszulesen war bleibt der zukünftigen Ausstellung Physik und dem Deutschen Museum als Einrichtung aber hoffentlich erhalten.

Lukas Nikol
im September 2024

Für Florian